KB194647

모바일
지도 서비스

여행 가이드북 〈지금, 시리즈〉에 수록된 관광 명소들이
구글 맵 속으로 쏙 들어갔다.

http://map.nexusbook.com/now/menu.asp?no=1

**" 지금 Q.R 코드를 스캔하면
여행이 훨씬 더 가벼워진다. "**

플래닝북스에서 제공하는 모바일 지도 서비스는
구글 맵을 연동하여 서비스를 제공합니다.
구글을 서비스하지 않는 지역에서는 사용이 제한될 수 있습니다.

지도 서비스 사용 방법

QR 코드를 스캔 후
정보가 필요한
지역을 클릭!

1 지역 목록 보기

2 관광 명소 목록 보기

3 친구와 지도 공유하기

4 지도 전체 화면

5 구글 지도 앱으로 연동하여
지도 서비스 이용하기

구글 지도앱 보기

지금, 발리

지금, 발리

지은이 송지헌
펴낸이 임상진
펴낸곳 (주)넥서스

초판 1쇄 발행 2018년 12월 5일
초판 3쇄 발행 2019년 6월 20일

2판 1쇄 발행 2020년 4월 6일
2판 2쇄 발행 2020년 4월 10일

3판 1쇄 발행 2022년 9월 20일
3판 8쇄 발행 2023년 9월 15일

출판신고 1992년 4월 3일 제311-2002-2호
주소 10880 경기도 파주시 지목로 5(신촌동)
전화 (02)330-5500 팩스 (02)330-5555
ISBN 979-11-6683-370-0 13980

저자와 출판사의 허락 없이 내용의 일부를
인용하거나 발췌하는 것을 금합니다.
저자와의 협의에 따라서 인지는 붙이지 않습니다.

가격은 뒤표지에 있습니다.
잘못 만들어진 책은 구입처에서 바꾸어 드립니다.

www.nexusbook.com

21

Now
Bali

송지헌 지음

플래닝
북스

학교를 다니는 동안에도, 회사를 다니면서도 틈만 나면 여행을 갔던 것 같다. 우연히 인터넷에서 본 서핑 사진에 꽂혀서 무작정 발리행 비행기표를 샀다. 유럽부터 필리핀, 태국, 홍콩, 싱가포르 이외의 여러 동남아 국가를 다녀봤지만 발리만큼 흥미로운 여행지가 없었다. 단순히 저렴한 가격에 찾는 열대 나라 관광지가 아닌 진짜 발리에 대한 정보, 블로그에 가득한 홍보형 정보가 아닌 현지인들이 찾는 곳, 신선한 분위기의 카페를 담으려 노력했다.

처음 응우라라이 공항에 내려 들이켰던 습습한 공기가 아직도 기억이 난다. 발리의 느린 속도감에 맞춰 살아 보고자 에어비앤비를 빌려 살아 보기도 했고, 햇빛에 살랑 거리는 야자수 그림자에 감탄하기도 했다. 난데없이 벌에 물려 현지 병원을 찾은 적도 있었다. 꾸따 해변에서 서핑을 하다 통돌이를 돌고 동남아 여행에서 한 번쯤 겪는 다는 물갈이를 하기도 했다. 그럼에도 불구하고, 모두가 같은 속도로 맹목적으로 같은 길을 가지 않아도 되는 발리는 여전히 그립고 추천하고 싶은 여행지다.

여러 활동을 병행하며 작업하다 보니 더 전하고 싶은 부분이 많은데 담을 수가 없어 아쉽고 부족하기만 한 느낌이다. 그래도 발리를 찾는 더 많은 사람이 《지금,발리》를 통해 필요한 정보를 얻어 더 즐거운 여행이 되었으면 좋겠다.

책이 나오기까지 늘 기다려 주고 웃으며 이끌어 주신 정효진 팀장님, 세상에서 제일 사랑하는 엄마, 아빠, 동생 그리고 함께 여행해 준 은혜에게 감사의 말을 전하고 싶다. 이곳에 다 적지 못했지만 늘 응원과 격려를 아끼지 않는 소중한 인연과 친구들에게도 감사를 전합니다. 부족한 이 책이 부디 참고가 되어 즐거운 여행을 하고, 나와 같이 발리의 매력에 흠뻑 빠질 수 있기를 기대한다.

송지현

미리 떠나는 여행 **1부. 프리뷰 발리**

여행을 떠나기 전에 그곳이 어떤 곳인지 살펴보면 더 많은 것을 경험할 수 있다. 발리 여행을
더욱 알차게 준비할 수 있도록 필요한 기본 정보를 전달한다.

01. 인포그래픽에서는 한눈에 발리의 기본 정보를 익힐 수 있
도록 그림으로 정리했다. 언어, 시차 등 알면 여행에 도움이 될
간단한 정보들을 담았다.

02. 기본 정보에서는 여행을 떠나기 전 발리에 대한 기본 공부
를 할 수 있다. 알아 두면 여행이 더욱 재미있어지는 발리의 역
사와 문화, 휴일, 축제, 날씨 등 흥미로운 읽을거리를 담았다.

03. 트래블 버킷 리스트에서는 후회 없는 발리 여행을 위한 핵
심을 분야별로 선별해 소개한다. 먹고 즐기고 쇼핑하기에 좋은
다양한 버킷 리스트를 제시해 더욱 현명한 여행이 될 수 있도록
안내한다.

지도에서 사용된 아이콘

📷 관광 명소	🛍 쇼핑	🍴 식당
🍷 클럽 & 바	🏠 호텔	🏄 해변
🤿 다이빙 스쿨	🛒 마켓, 시장	🍳 쿠킹 클래스
☕ 카페	🏛 박물관	⚓ 항구, 터미널
🧘 요가	💆 스파 & 마사지 숍	➕ 병원

알고 떠나는 여행 **2부. 아빠 까바르 발리**

여행 준비부터 구체적인 여행지 정보까지 본격적으로 여행을 떠나기 위해 필요한 정보들을 담았다. 자신의 스타일에 맞는 여행을 계획할 수 있다.

01. HOW TO GO 발리에서는 여행 전에 마지막으로 체크해야 할 리스트를 제시하여 완벽한 여행 준비를 도와준다. 인천 국제공항에서 응우라라이 공항까지의 출입국 과정과 주의해야 할 사항, 발리의 교통 정보까지 제공하고 있다. 알고 있으면 여행이 편해지는 베테랑 여행가의 팁도 알차게 담았다.

02. 추천 코스에서는 몸과 마음이 가벼운 여행이 될 수 있도록 최적의 발리 여행 코스를 소개한다. 발리 여행 전문가가 동행과 여행 스타일을 고려한 다양한 코스를 짰다. 한 권의 책으로 열 명의 가이드 부럽지 않은, 만족도 높은 여행이 될 것이다.

03. 지역 여행에서는 본격적인 발리 여행이 시작된다. 지역별로 관광, 식당, 카페, 스파, 서핑, 요가 등 놓쳐서는 안 될 포인트들을 최신 정보로 자세하게 설명하고 있어 여행 시 찾아보기 유용하다. 아무런 계획이 없어도 〈지금, 발리〉만 있다면 지금 당장 떠나도 문제없다.

04. 추천 숙소에서는 최고의 서비스를 자랑하는 4~5성급 호텔부터 옛 모습을 그대로 갖추고 있으면서 가성비도 좋은 부티크 호텔까지 자연 친화적인 발리의 다양한 숙소를 소개한다. 또한 숙소를 잡을 때 필요한 팁까지 알려줘 후회 없는 숙소 선택을 도와준다.

지도 보기 각 지역의 주요 관광지와 맛집, 상점 등을 표시해 두었다. 또한 종이 지도의 한계를 넘어서, 디지털의 편리함을 이용하고자 하는 사람은 해당 지도 옆 QR코드를 활용해 보자. 구글맵 어플로 연동되어 스마트하게 여행을 즐길 수 있다.

여행 회화 활용하기 여행을 하면서 그 지역의 언어를 해보는 것도 색다른 경험이다. 여행지에서 최소한 필요한 회화들을 모았다.

contents

프리뷰
발리

아빠 까바르
발리

01. HOW TO GO 발리

02. 추천 코스

03. 지역 여행

04. 추천 숙소

부록

프리뷰
PREVIEW
발   리

Apa kabar [아빠 까바르]

BALI

위치
인도네시아 남부

면적 제주도의 약 2.7배
약 5,780km^2

인구(2019년 기준)
약 436.2만 명

종교
발리 힌두교(90%) 외

언어
인도네시아어(공용어), 발리어(토착민), 영어

시차 자카르타는 한국보다 2시간 느림
한국보다 1시간 느림

거리(직항 기준)
인천-발리 7시간 5분

전압 대부분의 제품을 한국과 동일하게 사용
220v, 50Hz

Indonesia

- 국호 인도네시아 공화국 Republic of Indonesia
- 수도 자카르타 Jakarta
- 면적 190만 km²
- 인구 2억 7,913만 명(2022년 기준)
- 종교 이슬람교(87.2%) 외
- 정치 대통령 중심제, 이원제
- 언어 인도네시아어

BALI

기 본 정 보

여행지에 대해 알고 떠나면 여행이 더 알차고 즐거워진다. 날씨, 여행 포인트 등 발리에 대해 알아본다.

발리
역사

배낭여행부터 럭셔리 여행까지 아우르며 다양한 즐길 거리가 있는 발리는 늘 평화로웠을 것 같지만 순탄하지 않은 역사를 지녔다. 4세기부터 힌두 자바인들이 발리에 거주하며 힌두 문명이 시작됐고, 16세기경 이슬람 세력이 자바에 근거지를 둔 마자파힛Majapahit 왕조를 멸망시키자 많은 신하와 승려들이 발리로 피난을 오면서 발리만의 문화가 꽃피기 시작했다. 17세기 동인도회사를 설립한 네덜란드가 그 당시 가장 수익성이 뛰어난 향신료를 찾아 인도네시아 일대를 무력으로 점령하면서 발리

를 정복하자, 이에 발리 원주민들이 자결로 대항한 뿌뿌딴Puputan, 1906 / 1908 전쟁이 발발한다. 뿌뿌딴 전쟁 이후 네덜란드는 국제적인 비난을 받게 됐고, 현지 전통 문화를 보호하는 정책을 실시하게 된다. 그렇게 발리는 350여 년간 네덜란드의 긴 통치를 받았고, 1942년 일본의 식민 통치를 3년간 받은 후 1945년 8월 17일에 독립하게 된다.

식민 시대를 거치며 발리는 '마지막 지상 낙원'이라는 이미지를 갖게 되었다. 사실, 19세기 발리는 매력적인 이미지의 섬이 아니었다. 네덜란드의 식민 통치가 본격화되기 시작하면서 당시 말루쿠 군도를 포함한 타 지역에서는 향신료, 커피와 같은 환금 작물을 수확할 수 있었으나 발리의 경우 쌀 이외에는 향신료를 재배할 수 있는 환경 요건이 갖춰져 있지 않았기 때문이다. 이런 상황에서 네덜란드가 주목한 것은 힌두 문화와 이국적인 자연환경을 중심으로 한 관광 산업이었다. 이러한 기대 아래 발리는 사람들이 정신적인 평화를 찾고 재충전할 수 있는 천국 중 하나가 됐다.

발리
날씨

사바나 기후에 속하는 발리 섬은 연평균 기온의 변화가 거의 없고 일년 내내 온화하지만, 계절은 북서 계절풍이 부는 우기(11~3월)와 남동 계절풍이 부는 건기(4~9월)로 나뉜다. 건기에는 동부, 북부를 중심으로 물 부족 현상이 나타나기도 하며, 우기에는 하루에 2~3시간 스콜이 내린다.

건기(4~9월)
건기에 해변이 깨끗하며 6월부터 9월까지 상대적으로 기온이 낮아(평균 최고 기온 약 30℃) 시원한 편이다. 아침저녁으로 바람이 시원해 여러 활동을 즐기기에 딱 좋은 날씨다.

우기(11~3월)
우기라고 하루 종일 비가 오지는 않는다. 보통 새벽이나 오전에 내리다 그치는 경우가 많다. 다만 우기는 건기보다 훨씬 덥고 해가 길다. 비 올 확률은 꾸따보다 우붓이 높다. 우기는 래프팅처럼 급류 타는 액티비티의 최적기다.

성수기(7, 8월)
여행의 8할을 차지하는 날씨! 남반구에 위치한 발리는 7~8월이 건기이자 겨울이다. 이 시기에는 비도 거의 오지 않으며, 한국의 여름보다 훨씬 시원한 날씨가 계속된다. 쾌적한 밤과 함께 열대 기후의 낮을 즐길 수 있는 최적의 여행 시기다. 다만 성수기와 여름휴가가 겹치는 만큼 항공편 및 숙박 가격은 높을 수 있다.

비수기(1, 2월) : 우기 시즌, 비수기
11월부터 낮이 길어지는 우기가 시작된다. 최고 기온 30℃를 웃돌며 갑작스러운 스콜이 쏟아진다. 그러나 하루 종일 비가 오는 것은 아니며 충분히 야외 활동과 해양 액티비티를 즐길 수 있는 날씨다.

발리
휴일

발리에서 가장 중요한 날은 발리 힌두교 신년인 녀피로 3월 말경이다. 이날에는 발리 전체를 정화하는 의식이 거행된다. 오전 6시부터 다음 날 오전 6시까지 24시간 동안 주민들은 침묵하며 '녀피의 4가지 금지 사항'이라 불리는 전통 의식을 행한다. 4가지 금지 사항은 소음 내지 않기, 불 켜지 않기, 집 밖으로 나가지 않기, 즐거움을 추구하지 않기. 모든 가게가 문을 닫고, 공항도 폐쇄된다. 기계와 자동차 사용도 금지되고, 발리 내 사람들은 집이나 호텔 밖으로 나갈 수 없다. 침묵의 날은 발리에 사는 악령들이 발리가 버려진 섬이라고 믿어 섬을 떠나게 만들기 위해 죽은 척하는 날이다.

이슬람교의 명절인 르바란은 라마단(금식 기간)이 끝난 것을 축하하며 서로 용서하고 화해하는 국경일로 이둘 피트리라고도 부른다. 이 기간에 이슬람교도는 그들의 가족과 친구를 방문해 이전의 잘못에 대해 용서를 구하고 악에 대한 승리를 축복한다. 또한 일출 전부터 일몰까지 금식하는데, 이는 이슬람의 5가지 의무 중 하나며 어린이, 생리 중인 여성, 병자, 여행자, 임산부 등은 금식 대상에 포함되지 않는다. 인도네시아 최대 명절 중 하나인 르바란 기간은 인도네시아 국민들이 발리 섬으로 여행을 많이 오기 때문에 극성수기에 포함된다. 또한 현지인들은 주로 차를 가지고 움직여 평소보다 교통 체증이 악화된다.

날짜	명칭	설명
1월 1일	신정Tahun Baru	신정
2월 1일	설Tahun Baru Imlek	춘절(중국 새해)
2월 28일	이스라 미라지Isra Mi'raj	모하메드Muhammad 승천일
3월 3일	힌두교 신년Neypi	발리 힌두교 신년, 침묵의 날(녀피)
4월 15일	성 금요일Wafat Isa Al Masih	성 금요일(부활 직전 금요일)
5월 1일	노동절Hari Buruh Internasional	노동절(4월 29일 : 노동절 대체 휴일)
5월 2일	이둘 피트리Hari Raya Idul Fitri / 르바란Lebaran	이슬람의 금식월인 라마단Ramadan이 끝나고 맞이하는 축제
5월 3~6일	르바란Lebaran 휴일	
5월 16일	석가탄신일Waisak Day	석가탄신일
5월 26일	예수 승천일Ascension Day	예수 승천일(예수가 부활하고 40후 승천한 날)
5월 22일	르바란 대체 휴일Cuti Bersama Lebaran	르바란 공휴일
5월 26~27일	르바란 대체 휴일Cuti Bersama Lebaran	르바란 대체 공휴일
7월 1일	건국 기념일Pancasila Day	인도네시아 건국 기념일(빤짜실라)
7월 9일	이둘 아드하Idul Adha	희생제(이슬람 명절 : 아브라함이 아들을 제물로 바쳐 신에 대한 믿음을 드러내려 한 것을 기념)
7월 30일	이슬람 신년Hijriyah	이슬람 새해(모하메드가 메카를 떠나 메디나에서 새로운 유배 생활을 시작한 것에서 유래)
8월 17일	독립 기념일Kemerdekaam Republik Indonesia	독립 기념일
10월 8일	모하메드 탄신일Maulud Nabi Muhammad	모하메드 탄신일
12월 24일	크리스마스 대체 휴일	크리스마스 기념 공휴일
12월 25일	크리스마스	성탄절

발리
여행 포인트

아궁산 ●

빠당바이 터미널
Padang Bai Ferry

④
우붓

②
스미냑·짱구

꾸따·르기안   ⑤   누사 렘봉안 ●

①   사누르·덴파사르   누사 체닝안 ●

응우라라이 공항   누사 페니다 ●
Ngurah Rai International Airport

③
울라와뚜·짐바란 ●   누사두아·딴중베노아

---

❶
꾸따 · 르기안

공항과 가까우며 우리나라로 치면 바다가 있는 명동이라 할 수 있다. 초보자가 서핑을 배우기 좋고 번화가답게 대형 쇼핑몰, 편의점, 병원 등의 편의 시설이 잘 갖춰져 있다. 클럽과 바가 밀집해 있어 나이트라이프를 즐기기도 좋다. 꾸따에서 멀지 않은 울루와뚜는 발리의 최남단 지역으로 자연의 웅장함을 느낄 수 있다. 울루와뚜 근처의 짐바란은 시푸드로 유명하다.

---

❷
스미냑 · 짱구

최근 여행자들에게 가장 인기 있는 '힙'한 동네다. 꾸따에 비해 숙박비는 비싸지만 트렌디한 레스토랑과 카페, 쇼핑, 서핑으로 유명하다. 편집 숍, 액세서리 숍, 소규모 갤러리가 많으니 도심을 선호하는 여행자라면 이곳으로 가 보자. 발리에서 유명한 맛집, 카페는 이 동네에 다 모여 있다. 도심이지만 바다도 있어 해변에서 여유를 즐길 수 있다.

---

❸
누사두아 · 딴중베노아

고급 호텔, 골프 코스, 컨벤션 센터 등이 잘 갖춰진 관광 지역이다. 글로벌 호텔 체인이 주로 하얀 백사장이 있는 프라이비트 비치를 보유하고 있어 리조트 내에서 호젓하게 모든 것을 해결할 수 있다. 누사두아 북쪽에 위치한 딴중베노아에서는 시워킹, 제트스키, 패러세일링과 같은 수상 스포츠를 즐길 수 있다.

발리는 일반적으로 응우라라이 국제공항을 기점으로 남쪽과 북쪽으로 구분된다. 남쪽에 있는 누사두아, 사누르 지역은 오래된 관광 지역으로 프라이비트 비치를 갖춘 리조트의 여유로움과 함께 역사와 문화를 볼 수 있는 곳이다. 북쪽에는 최근 가장 핫한 중심 거리 스미냑과 짱구, 꾸따가 있다. 서핑 포인트를 비롯해 편집숍, 숙소, 맛집이 즐비해 현지인은 물론 여행객이 가득하다. 꾸따에서 자동차로 1시간 30분 걸리는 우붓은 진정한 발리만의 문화를 느낄 수 있는 곳이다. 끝없이 펼쳐진 삼단 논밭과 더불어 자연 속에서 나에게 집중할 수 있는 요가, 아직도 뜨거운 숨을 내뿜는 낀따마니 화산 지대 등 일주일만 머물기에는 부족하다는 생각이 들 것이다. 길리 트라왕안은 발리에서 2시간 정도 배를 타고 가면 만나볼 수 있는 아름다운 섬이다. 에메랄드빛 인도양에서 바다거북과 수영하다 보면 힐링이라는 단어가 절로 떠오른다.

길리 트라왕안

롬복
Lombok

우붓

발리 하면 떠오르는 3단 논밭과 요가, 채식 등 나만의 리듬에 맞춰 한껏 느려질 수 있는 곳이다. 힐링을 위해 발리를 찾은 여행자라면 우붓으로 가 보자. 히피 문화 중심이라 할 수 있을 만큼 주로 서양 여행자들이 장기 거주를 많이 하는 편이다.

사누르 · 덴파사르

사누르는 5km 가까이 펼쳐진 해변이 있는 오래된 관광지다. 꾸따나 스미냑에 비해 즐길 거리, 레스토랑이 부족한 편이지만 한적한 분위기를 즐기려는 여행객들이 늘고 있다. 인근 누사 페니다, 누사 렘봉안 섬으로 다이빙하러 가는 사람들도 많다. 덴파사르는 발리인들의 생활·행정 중심지로 역사적인 의미가 있는 발리 박물관, 뿌뿌딴 광장 등을 구경하면 좋다.

길리 트라왕안

TV 프로그램 〈윤식당〉의 촬영지로 유명세를 탄 곳이다. 외진 곳에 있지만 그만큼 자연 친화적이고 로맨틱하다. 에메랄드빛 바다와 카누, 스노클링 등 경치 좋은 장소가 많아 인생 사진을 남기고 싶은 여행자에게 추천한다.

BALI

트 래 블
버 킷 리 스 트

어디나 그 지역을 대표하는 것
들이 있다. 볼거리, 즐길 거리,
먹거리 등 발리에서 놓치면 안
되는 것들을 쏙쏙 뽑았다.

발리
볼거리

동남아 여행은 다 똑같다고 생각할 수도 있지만 발리는 다르다. 휴양과 관광이 조화를 이루는 곳이다. 끝없이 펼쳐진 논밭이 눈을 사로잡는 우붓, 백사장과 맑은 바다를 자랑하는 누사두아 그리고 스미냑의 화려한 쇼핑몰과 감각적인 카페까지 볼거리가 너무 많아서 한 번의 여행으로는 부족할지도 모른다.

울루와뚜 사원 Uluwatu Temple

절벽에 세워진 힌두 사원으로 내려다보이는 인도양의 전망이 멋있기로 유명해 많은 관광객이 찾고 있다. 해가 질 무렵의 광경도 황홀하다. (P. 126)

가루다 공원
Garuda Wisnu Kencana

현지어로 일명 '게와까 파크'라 불리는 이곳은 발리 최대의 공원으로 새로운 랜드마크다. 원래 채석장이었던 곳을 공원으로 꾸며 자연과 신이 공존하는 공원이라는 의미를 담고 있다. 가루다 공원의 대표 조각상인 비슈누 상과 가루다 상의 크기는 뉴욕 자유의 여신상을 능가할 만큼 크다. (P. 175)

뜨갈랄랑 라이스 테라스
Tegalalang Rice Terrace

바다가 없지만 논 뷰 매력으로 여행객들을 유혹하는 우붓의 대표적인 관광지다. 해발 약 600m 높이에 위치한 계단식 논과 빼곡히 들어선 야자수는 마치 정글을 연상시킨다. (P. 213)

사누르 해변 Sanur Beach

발리의 해변은 검은 모래에서 백사장까지 토양의 성격에 따라 각각 다른 색을 띠는데, 그중 사누르 해변은 아름다운 백사장으로 유명하다. 이 지역의 해변은 한가로워서 주로 나이가 지긋한 유럽인들이 많이 찾으며, 호젓하게 책을 읽거나 노래를 들으며 여유를 즐기기 좋다. (P. 218)

고아 가자 Goa Gajah

약 11세기경에 만들어진 코끼리 모양의 동굴 사원으로 우붓 근처에 위치한다. 1955년 유네스코 세계 유산에 등재된 곳으로, 1954년 발견된 야외 목욕탕도 찾아볼 수 있다. (P. 188)

타로 마을 Taro Village

발리에서 가장 오래된 마을 중 하나로, 힌두교 문화가 풍부한 곳이다. 넓디넓은 논에서 모를 심고 수확하는 모습과 대나무 숲, 현지 사람들의 일상을 볼 수 있다. (P. 212)

©인도네시아 관광청

아궁산 Mount Agung

발리에서 산은 바다와 대비되는 개념으로 선한 이미지를 가지고 있다. 그중 아궁산은 특히 예로부터 도민의 신앙 대상이 되어 온 성스러운 산으로, 해발 3,142m로 발리에서 가장 높다. 아직 활동 중인 활화산으로 1963년 마지막 폭발이 있었다. (P. 210)

터틀 포인트 Turtle Point

몰디브까지 가지 않아도 길리 트라왕안에서 바다거북과 수영을 할 수 있다. 굳이 배를 타고 먼 바다까지 나가지 않아도 길리 섬 북쪽이 터틀 포인트이기 때문에 얕은 바다에서 쉽게 바다거북을 만날 수 있다. (P. 236)

발리
즐길 거리

발리의 매력에 빠진 서양화가들의 작품으로 채워진 미술관과 서핑, 요가, 쇼핑 등 문화 관광의
천국 발리에서 다양한 액티비티를 즐겨 보자.

서핑

오직 파도를 타기 위해 휴가지로 발리를 선택하는 사람들이 있을 만큼 서핑하기에 최적의 도시다. 서핑은
수영을 못해도 즐길 수 있으며, 초보자는 서핑 숍에서 강습을 받을 수 있다(P.99 참고). 이미 숙련자라 혼자
서도 서핑을 할 수 있다면 MSW, 윈드 파인더Wind Finder와 같은 앱을 통해 그날그날의 파도 상태를 확인
하자. 서핑을 위한 준비물은 래시 가드, 워터 레깅스 정도다.

요가

요가를 꾸준히 해 온 요기(yogi)든 처음 접하는 초보자든 발리는 요가를 시도하기 좋은 곳이다. 따스한 햇살과 탁 트인 논밭을 배경으로 요가를 즐겨 보자. 힙한 짱구, 스미냑에서 전통 요가를 체험할 수 있는 우붓까지 선택지가 많다.

Tip. 발리가 요가하기 좋은 이유

16세기 이슬람 세력에 의해 마자파힛 왕조가 쇠망하면서 힌두교 승려들과 왕족들은 발리로 도망쳐 왔다. 이후 힌두교는 발리의 토착 신앙과 융합되어 발리만의 독특한 종교로 발전했다. 이 발리 힌두교가 번성하며 요가도 발리에 자리 잡기 시작했다. 요가는 '결합하다'라는 뜻의 산스크리트어로 말을 마차에 결합시킨다는 의미다. 말은 인간의 마음에, 마차는 인간의 몸에 비유해 마음을 잘 다스려 몸이 바른 길로 갈 수 있게 한다는 뜻이다. 발리에 왔다면 요가에 도전해 보자. 전통 요가로 유명한 우붓부터 트렌디한 짱구와 스미냑의 요가원까지 취향에 맞게 선택할 수 있다.

우붓

우붓은 이름 자체가 '치유(ubad)'라는 뜻에서 유래되었다. 요가원이 가장 많은 곳이기도 하다.
• 더 요가 반The Yoga Barn 오전 7시부터 오후 9시까지 모닝 플로우, 하타, 빈야사 등 다양한 클래스를 운영한다. 우붓에서 가장 크고 유명한 요가 스튜디오다. P.191 참고
• 우붓 요가 센터Ubud Yoga Centre 요가 반보다 강도 높은 수업을 들을 수 있다. 현대적이고 세련된 인테리어를 갖추고 있다. P.190 참고
• 래디언틀리 얼라이브Radiantly Alive 더 요가 반보다 사람이 적고, YTT 티칭 클래스를 들을 수 있다.

짱구·스미냑

• 더 프랙티스The Practice 드높게 뻗은 대나무 천장의 인테리어가 시선을 사로잡는 곳이다. 탄트라, 하타와 같은 전통 요가에 메리트가 있다. P.157 참고
• 사마디 발리Samadi Bali 몸에 좋은 음식을 먹을 수 있는 카페부터 요가원까지 운영하는 곳으로 수업의 내용이 좋다. 일요일에는 선데이 마켓도 열린다. P.164 참고

쇼핑

대형 백화점의 브랜드 제품부터 다양한 디자이너 제품, 라탄 소품, 화장품, 갤러리의 작품까지 쇼핑하는 재미가 쏠쏠하다. 특히 스미냑과 짱구의 편집숍에는 디자이너 의류와 인테리어 소품 등 흔하지 않은 아이템이 가득하다.

플리마켓

발리의 구석구석에서 생각보다 많은 플리마켓이 열린다. 도심에서 열려 접근성도 좋고, 질 좋고 유니크한 핸드메이드 상품을 구매할 수 있다. 주로 주말에 열리며, 생필품부터 기념품까지 사기 안성맞춤이다.

카페 투어

발리에는 커피 맛이 일품인 세련된 카페가 많다. 채식주의자를 배려해 개인 카페도 코코넛 우유와 같은 옵션을 선택할 수 있는 곳이 많다. 카페를 좋아하는 사람이라면 카페 투어만으로도 하루 종일 바쁠 것이다.

인도네시아 음식

세계에서 가장 맛있는 음식 1, 2위를 차지한 메뉴가 모두 인도네시아 음식일 만큼 전통 음식이 훌륭하다. 여행에서 가장 중요한 제1의 조건인 식도락을 즐길 수 있다.

브런치

서양식 문화에 익숙하고 골목골목 세련된 카페가 있는 만큼 브런치 전문 카페도 많다. 현지 물가와 비교하면 다소 비싸지만 한국에 비하면 저렴한 가격에 훌륭한 브런치를 맛볼 수 있다.

스파 & 마사지

동남아 중에서도 태국 마사지와 양대 산맥을 이루는 발리 마사지. 발리에서는 예부터 약초를 이용한 치료술이 발달했다. 이와 같은 전통 의료법에 기원을 둔 발리 마사지를 체험해 보자.

라이브 공연

온화하고 유쾌한 발리 사람들은 유독 흥이 넘친다. 해변에서는 매일 즉흥 합주, 라이브 연주가 이어지고, 바 혹은 클럽에서도 라이브 공연이 늘 열린다. 특히 인기 레스토랑이나 바에서 열리는 라이브 공연은 수준 높기로 유명하다.

비치 클럽

해변을 끼고 있는 레스토랑 겸 바인 비치 클럽이 발리에서는 대세다. 클럽이라고 하면 밤에 열 것 같지만 주로 오전부터 연다. 수영장, 프라이비트 비치까지 구비돼 있기 때문에 여유로운 분위기에서 술과 맛있는 음식을 즐기며 뜨거운 태양부터 선셋까지 즐기는 형식이다.

클럽

1930년대부터 인기 있는 휴양지였던 만큼 꾸따, 스미냑 지역을 중심으로 놀기 좋은 곳이 많다. 주로 라 파벨라, 스카이 가든과 같은 곳이 인기가 많다. 클럽이 있는 곳을 중심으로 소매치기가 많으니 입장과 퇴장 시 주의하자.

미술관

예술가들의 마을이라 불릴 만큼 발리는 1920년대 초부터 많은 예술가의 사랑을 받았다. 특히 우붓의 경우, 마을 할아버지도 예술가일 만큼 생활 미술, 공예가 유명하고 아궁 라이 뮤지엄, 네카 아트 뮤지엄과 같은 대형 미술관도 있다.

코워킹 스페이스

전 세계 디지털 노마드들이 살기 좋은 도시를 선정할 때 항상 열손가락 안에 드는 곳이 발리다. 저렴한 물가와 가격 대비 훌륭한 숙박 시설, 많은 코워킹 스페이스 및 스타트 업을 준비하는 외국인 친구들과 커뮤니티를 구성할 수 있다.

Tip. 발리 최대의 축제, 갈룽안-꾸닝안 Galungan-Kuningan

힌두력 기준 11번째 주 수요일에서 12번째 주 토요일(힌두력에 따라 변동)까지 행해지는, 발리에서 가장 중요한 힌두교 축제다. 힌두 전설에 따라 선한 신 인드라Indra가 악귀 마야다나와Mayananawa와의 전쟁에서 승리함을 기념하며 생명과 번영을 준 신께 감사드리는 의미가 있다.

이 기간 동안은 땅에 내려온 신과 조상들의 영혼을 기리기 위해 공양을 바치고 다시 천상으로 돌려보내는 의식이 이루어진다. 갈룽안과 꾸닝안을 연이어 치르게 되는데, 먼저 신과 조상들의 영혼을 기리는 '갈룽안'이 영혼들을 다시 천상으로 돌려보내는 '꾸닝안'으로 나뉘어져 성대한 축제가 벌어진다. 이 시기에는 일주일 전부터 길가를 정리하고 펜조르Penjor라고 불리는 대나무 장식을 한다. 곧게 뻗은 펜조르에는 3가지 의미가 있는데, 꽃과 잎으로 꾸민 화려한 장식은 의(옷), 벼와 코코넛 열매는 식(음식), 대나무는 주(집)를 의미한다. 즉, 신으로부터 의식주를 받아 번영하고 있음에 감사하는 의미를 펜조르를 통해 표현하는 것이다.

이 시기에는 대부분의 학교가 휴교를 한다. 관광지는 문을 닫지 않지만 최대 명절인 만큼 축제 당일은 오후 늦게 문을 열거나 담당자가 휴가를 가기도 한다. 특히 우붓에서 갈룽안-꾸닝안을 성대하게 느낄 수 있으며, 축제 기간 내내 행해지는 이색적인 종교 의식과 활기찬 분위기를 즐길 수 있다.

발리
먹거리

고온 다습한 발리 기후에서는 음식이 쉽게 변질된다. 그 때문에 발리에는 보존을 용이하도록
하기 위해 주로 튀기거나 볶음 요리가 많다.

미고렝 Mie Goreng
'미Mie'는 인도네시아어로 '국수', '고렝Goreng'은 '볶음, 튀김'이라는 의미로 볶음 국수를 뜻한다. 나시고렝
과 함께 대표적인 현지식으로 국수에 다양한 채소, 고기, 달걀 등을 넣어 꼬들꼬들하게 볶아져 나온다.

나시고렝 Nasi Goreng

CNN 선정 세계에서 가장 맛있는 요리 2위 음식이다. '나시Nasi'는 인도네시아어로 '밥', '고렝'은 '볶음'이라는 의미로 볶음밥을 뜻한다. 인도네시아의 대표적인 요리이자 가장 일반적인 식사다. 채소, 고기와 케첩 마니스, 삼발 소스를 넣고 볶아 만드는데 약간 달콤한 맛부터 한국인들도 맵다고 느낄 매콤한 맛까지 다양하다.

사테 Sate, Satay

인도네시아, 말레이시아 등 동남아 여러 나라에서 먹는 꼬치구이 요리다. 한입 크기로 자른 닭고기, 소고기, 생선 등에 소스를 발라 꼬치에 꿰어 숯불로 천천히 굽는다. 주로 고소한 땅콩 소스나 땅콩 가루를 뿌려 먹는다.

사테 바비: 돼지고기 꼬치 사테 아얌: 닭고기 꼬치
사테 사삐: 소고기 꼬치

른당 Rendang

소고기를 코코넛 밀크, 생강, 마늘, 육두구와 같은 각종 향신료와 함께 장시간 삶은 요리다. 인도네시아 수마트라 주의 향토 요리로 파당 지역 요리를 대표하는 음식이기도 하다. CNN 선정 세계에서 가장 맛있는 음식 1위로 선정되기도 했다.

Tip. 발리 메뉴 보기

Nasi[나시] 밥	Ikan[이깐] 생선	Sambal[삼발] 인도네시아식 칠리소스 매콤한 맛
Mie[미] 면	Babi[바비] 돼지고기	Kecap Manis[케찹마니스] 끈적끈적 점성이 높고 단맛이 강한 간장
Roti[로띠] 빵	Sapi[사삐] 소고기	Goreng[고렝] 기름에 볶거나 튀기는 것
Ayam[아얌] 닭	Jagung[자궁] 옥수수	Bakar[바까르] 숯불에 굽는 것

마사칸 파당 Masakan Padang

인도네시아 파당Padang 지역의 음식은 동남아에서 맛있는 음식으로 유명하다. 특히 맵고 자극적인 맛이 특징으로, 파당 음식점은 인도네시아 전국 어디에서나 쉽게 찾아볼 수 있다. 푸짐한 한정식처럼 10가지가 넘는 식사가 나오기도 하고, 뷔페식의 경우에는 주로 투명 유리창을 통해 어떤 종류의 음식들을 판매하는지 확인한 후 먹고 싶은 요리를 덜어 먹는다.

※ 마사칸Masakan은 인도네시아어로 요리라는 뜻이다.

가도가도 Gado-Gado

인도네시아식 샐러드로 땅콩 소스가 듬뿍 곁들여져 나온다. 달걀, 두부, 오이, 숙주, 양배추 위에 땅콩 소스가 곁들여져 나오는데 고소한 맛이 일품이다.

36

깡꿍 Kangkung

깡꿍은 한국의 김치 같은 존재로, 인도네시아인들이 가장 많이 먹는 야채다. 공심채, 모닝글로리라고도 알려진 나물로 양파, 고추, 피시 소스 등을 이용해 볶아낸다. 중독성이 강하다.

박소 Bakso

생선, 소고기를 동글동글하게 빚어서 만든 완자 혹은 이 완자로 만든 수프를 말한다. 어묵과 비슷한 맛이 나며 깔끔한 국물 맛이 특징이다. 기호에 따라 쌀국수를 추가할 경우 미Mie박소라고 부른다.

부부르 아얌 Bubur Ayam

진한 국물 맛과 함께 고소한 맛이 나는 닭죽으로 아침 식사 대용으로도 많이 먹는다. 몸이 안 좋거나 죽이 먹고 싶을 때 인도네시아식 닭죽을 시도해 보자.

나시 짬뿌르 Nasi Campur

'나시'는 '밥', '짬뿌르'는 '섞인'이라는 뜻으로 나시 짬뿌르는 밥과 여러 가지 반찬이 함께 나오는 발리의 대표적인 현지식이다. 우리나라로 치면 백반과 비슷하며 여러 가지 밥과 반찬을 매콤한 삼발 소스와 함께 먹는다.

바비 굴링 Babi Guling

'바비'는 '돼지', '굴링'은 '돌린다'라는 뜻이다. 결혼, 축제 때 꼭 등장하는 발리의 대표적인 음식으로 고추, 생강, 마늘 등 향신료를 넣어 장시간 숯불에 구운 돼지고기 요리다. 겉은 바삭하고 속은 촉촉한 통 돼지구이로 한번 맛보면 헤어 나올 수 없을지 모른다. 이 요리는 발리에서만 맛볼 수 있는 요리다.

이깐 바까르 Ikan Bakar

'이깐'은 '생선', '바까르'는 '굽다'라는 뜻으로 생선 숯불구이다. 인도네시아 여행 중 꼭 먹어 봐야 하는 음식 중 하나로도 꼽힌다. 살이 통통하게 오른 도미류, 다금바리류가 인기가 많다. 닭고기를 구워 내면 아얌 바까르Ayam Bakar라고 한다.

자궁 바까르 Jagung Bakar

옥수수 구이로 인도네시아 길거리 음식 중 가장 맛있다고 할 수 있다. 매콤한 맛, 달콤한 맛 중 선택할 수 있으니 기호에 맞춰 골라 먹어 보자.

Tip. 그로박

그로박은 길에서 음식을 파는 행상인이 끌고 다니는 수레를 말한다. 조리 기구와 함께 화로가 장착돼 있어 즉석에서 음식을 만들어 판다.

4계절 내내 온난한 발리는 대부분의 열대 과일을 언제나 맛볼 수 있지만 과일마다 제철이 따로 있다. 주로 낮이 길어지는 우기(11~2월)에 더 달다.

용과
Buah Naga [부아 나가]

비타민 B₁·B₂·C 등의 각종 비타민과 미네랄 성분, 식이섬유를 함유해서 노화 방지와 피부 미용, 변비 예방 등에 좋다. 높은 당도에 비해 칼로리가 매우 낮고, 7~8월이 제철이다.

망고스틴
Manggis [망기스]

열대과일중의여왕이라고 불리는 망고스틴은 항산화 성분이 많이 들어있어 염증과 바이러스에 좋다. 망고와 같이 11~2월이 제철이다.

살락 굴라
Salak gula [살락 굴라]

뱀껍질처럼 생긴 과일로 그냥살라보다 살락 굴라가 훨씬 단맛이 강하다. 현지에서는 배탈이 났을 때 민간요법으로 자주 먹는다. 껍질을 벗기고 먹는 과일로 11~2월이 제철이다.

망고
Mangga [망가]

식이섬유, 당분, 비타민 A·C·D, 베타카로틴 등이 풍부하게들어 있는 망고는 11~2월이 제철이다.

패션 프루트
Markisa [마르키사]

일명 개구리알이라고도 하며, 씨까지 다 먹는 과일이다. 7~8월이 제철이다.

파파야
Papaya [파파야]

피부에 좋은 비타민 E 성분이 많은파파야는바나나와같이거의 1년 내내 나오는 과일이다.

바나나 Pisang[피상]   파인애플 Nanas[나나스]   구아바 Jambu[잠부]   사과 Apel[아펠]
자몽 Jeruk Bali[저룩 발리]   수박 Semangka[세망카]   딸기 Stroberi[스뜨로브리]

발리
쇼핑 리스트

두 손 가득히 담아 오고 싶은 발리의 쇼핑 리스트. '뭘 사야 잘 샀다고 소문이 날까?' 즐거운 고민이 시작된다.

드림 캐처 Dream Catcher

아메리카 원주민의 전통 주술품으로 창문 등 침대맡에 걸어 두면 악몽을 꾸지 않게 해 준다는 미신이 깃든 물건이다. 깃털은 좋은 꿈을 꾸게 해 주고, 거미줄은 악몽을 잡아 주고, 비즈는 악몽이 정화된 이슬을 의미한다고 한다. 최근 인테리어용으로도 많이 사용되는 예술 작품이다(주문 제작 가능).

라탄 백 Rattan Bag

최근 가장 핫한 아이템으로, 발리 쇼핑 리스트에 꼭 들어 있는 가방이다. 라탄은 인도네시아에서 많이 자라는 넝쿨 식물로, 전 세계 라탄 중 70%가 인도네시아에서 생산된다. 인도네시아의 라탄은 질이 좋고 품질 대비 가격이 저렴해서 선물하기에 좋다. 라탄 백은 아시타바 Ashitaba 브랜드 제품이 품질이 괜찮다. 우붓 트래디셔널 마켓에서는 흥정을 해서 싸게 살 수 있다.

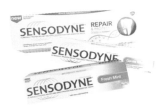

센소다인 치약 Sensodyne

잇몸에 좋다는 센소다인 치약이 한국보다 훨씬 저렴해서 사오면 좋다. 50g과 100g 두 가지가 있으며 마트, 드러그스토어에서 구입할 수 있다. 타 마트 대비 더 저렴한 빈땅 슈퍼마켓에서 사는 것을 추천한다. 치약은 기내 반입이 안 되므로 위탁수하물로 수속해야 한다는 것을 잊지 말자.

향신료

향신료의 원산지로 서양 열강을 끌어들였던 인도네시아답게 다양한 향신료를 시장에서 찾을 수 있다. 여러 종류의 향신료를 소분해 봉지에 담아 판다. 각종 향신료의 비닐봉지 위에는 영어로 이름이 적혀 있다. 3대 향신료 중의 하나인 계피Cinnamon, 말린 작은 후추 열매Pepper, 바닐라 빈Vanilla, 정향Clove 등이 인기 향신료다.

천연 비누

비싼 스파용품이 부담스럽다면 천연 재료로 만들어 파는 천연 비누는 어떨까? 과일 비누와 같이 하나에 천 원도 안하는 저렴한 가격으로 기분 좋은 향을 즐길 수 있다. 특히 자바 솝Java Soap 브랜드가 포장도 고급스럽고 향이 은은하다.

호랑이 연고 Tiger Balm

인도네시아 상품은 아니지만 동남아 각지에서 인기 있는 연고다. 19세기 말 중국 황제 직속 한의사인 후원후가 개발해 팔기 시작해 현재는 6개국에서 생산돼 70여 개국에 수출하고 있다. 근육통, 타박상, 벌레 물린 데 등 여러 용도로 사용할 수 있으며 부모님 선물로 딱이다.

예술 작품

예술가들의 나라인 만큼 그림, 공예품을 판매하는 곳이 많다. 특히 스미냑에는 작은 갤러리가 많아 인테리어 및 투자용으로 예술 작품을 사기 좋다. 5~10일 정도 여유가 있다면 원하는 디자인으로 주문 제작도 가능하다.

발리 기념 텀블러 Starbucks Tumbler &Mug

여행 마니아라면 한 번쯤 탐낼 만한 시티 텀블러와 시티 머그다. 글로벌 체인을 가진 스타벅스는 각 도시마다 지명과 랜드마크가 그려진 텀블러를 판매한다. 오직 그 도시에서만 구매할 수 있기 때문에 실용적인 기념품을 찾는 사람이라면 시티 텀블러를 추천한다.

미고렝 & 나시고렝 소스 Indomie

전 세계 판매율 1위 라면으로 오바마 미국 전 대통령도 반하게 만든 음식이다. 한화 약 300원의 저렴한 가격에도 불구하고 수프만 4개가 들어 있어 만족도가 높다. 면과 함께 달걀 프라이만 올리면 인도네시아의 맛과 향이 살아난다. 나시고렝 소스 또한 간단한 재료로 인도네시아의 맛을 재현할 수 있다.

선크림 Sunblock

연중 내내 따뜻한 곳으로, 덕분에 태닝하기 딱 좋은 날씨긴 하지만 피부 보호를 위해 선크림을 적당히 발라야 한다. TV 프로그램 〈진짜 사나이〉에서 혜리가 발라 일명 '혜리 선크림'이라고도 불리는 비치 헛Beach Hut의 선크림은 자외선 차단 지수가 무려 100SPF다. 끈적이지 않고 부드럽게 발리며 마트, 드러그스토어에서 쉽게 구매할 수 있다. 서핑할 때 사용하려면 Zinc가적인 제품을 추천한다.

커피 원두

인도네시아는 세계 3대 커피 생산지이자 가장 비싼 커피라 불리는 루왁 커피Luwak Coffee의 본고장이다. 그래서인지 원두를 직접 로스팅하는 개인 카페도 많고, 흔한 마트에서 파는 원두도 괜찮은 편이다. 시중 판매용으로는 주로 나비가 그려진 발리 골드Bali Gold 커피와 엑셀소Excelso 원두가 인기며, 개인 카페에서 파는 원두 중에는 고소하면서도 풍부한 향미를 가진 낀따마니Kintamani 원두를 추천한다.

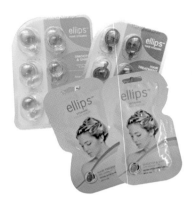

헤어 비타민 & 헤어 팩

발리 기념품 중 가장 유명한 엘립스Ellips사의 헤어 비타민이다. 캡슐형 헤어 오일로, 큰 통으로도 팔고 낱개로도 판매한다. 코코 슈퍼마켓, 까르푸, 드러그스토어 어딜 가도 살 수 있어 접근성이 좋다. 헤어 팩 또한 휴대하기 편하며 푸석푸석한 머리에 효과가 좋다.

모기 기피제 Soffell

열대 기후의 동남아 지역인 만큼 모기와 벌레가 많다. 야외석에 앉을 일도 많으니 모기 기피제가 하나쯤 있으면 유용하다. 오렌지 향보다는 분홍색이 플로럴 계열로 향이 조금 덜 인위적이다. 참고로 클럽이나 바에 들어가기 전에는 소지품 검사를 하는데 스프레이류는 폭발 위험 때문에 리셉션에 맡기고 가야 한다. 아우탄Autan 리프레시 모기 스프레이도 추천한다.

헤어 에너지 팩 Makarizo

한국인들에게 아직 덜 알려져 있지만 현지에서는 인기가 많은 마카리조사의 헤어 트리트먼트 팩이다. 여러 타입이 있지만 그중 로열 젤리가 가장 인기가 많다. 대용량으로 꿀과 바닐라 냄새가 하루 종일 지속된다. 엘립스 헤어 팩보다 무거운 느낌으로 사용 후 머릿결이 부드러워진다.

크림 & 클렌저 Himalaya

히말라야 크림과 클렌징이 한국 대비 저렴해서 마트에서 간단하게 사기 좋다. 폼 클렌징을 두고 갔다면 마트에서 사는 것도 추천한다. 크림의 경우 6개 세트로 팔기 때문에 나눠 주기 좋다.

센사티아 보디 제품 Sensatia

직접 쓰기에도 좋고, 선물용으로도 좋은 제품이다. 발리 5성급 호텔의 어메
니티로도 사용되는 제품으로 자연 유래 성분의 로컬 원료를 사용하는 브랜
드다. 천연 재료의 비율이 높아 향이 진한 것이 특징이다. 특히 인기가 많은
제품은 애프터 선크림, 립밤, 핸드크림, 샴푸 등이다. 스미냑, 우붓, 짱구 등
에 매장이 있어서 여행 마지막 코스로 들르기 좋다.

보디 버터 Herborist

가디언과 마트 어디서든 쉽게 볼 수 있는 보디 스크럽
과 크림이다. 향이 좋은 걸로 유명하며, 핸드크림 제품
도 인기가 많다. 크기가 작아 휴대하기 편하고, 가벼운
선물로도 추천한다. 바나나 향이 인기 제품이다.

땅콩 과자

가루다 항공, 마트, 호텔의 미니바까지 미스터 피Mr.P 땅콩이 없는
곳이 없다. 발리를 대표하는 간식이다. 땅콩 외에 캐슈
너트, 마카다미아도 있으며, 허니 로스티드 맛과 칠리
맛이 인기다. 맥주 안주로 궁합이 좋으며 용량이 다양
해 선물용으로도 좋다.

빈땅& 발리하이 맥주 Bintang&Balai Hai

1929년 탄생한 인도네시아의 대표 맥주 빈땅은 인도네시아
어로 '별'이라는 뜻이다. 빈땅은 국제 맥주 대회에서 금메달을
딴 바 있으며, 부드러운 목 넘김과 깔끔한 맛으로 인기다. 하이
네켄 코리아가 2018년 6월부터 국내에 출시했지만, 그래도
빈땅의 본고장에서 최대한 많이 마시고 오자. 술을 잘하지 못
한다면 도수가 낮고 달콤한 맛의 라들러Radler 레몬, 오렌지도
좋다. 발리하이는 빈땅 외에 맥주 애호가들이 즐겨 찾는 맥주
로, 라거임에도 부드럽고 시원한 맛이 특징이다.

끄립 끄립 토르티야
Krip Krip Tortilla

고소한 나초칩으로 총 3가지 맛이 있다. 그중 구운 옥수수 맛인 로스티드 콘Roasted Corn을 추천한다. 담백한 스타일로 계속 손이 가는 맛이다.

큐텔라 싱콩
Qtela Singkong

마트에 가면 굉장히 다양한 종류의 큐텔라 칩스Qtela Chips가 있는데, 그중 보라색인 자색 고구마 맛과 매콤한 바비큐 맛이 인기다. 싱콩(카사바)은 고구마의 일종인 작물로 만든 칩으로 고소하고 달콤하다.

게리
Gery

베트남에서도 인기가 많은 게리 크래커의 원산지는 인도네시아다. 치즈 맛과 코코넛 맛이 특히 인기가 많다. 과대 포장 없이 개별로 포장되어 있으며 단짠단짠 조화가 잘 맞는다. 얇은 크래커 한 면에 치즈가 발려 있고 다른 쪽에는 설탕이 뿌려져 있다.

슬라이 오라이 Slai O'lai

쫀득쫀득 젤리 같은 과일 잼이 들어 있는 비스킷이다. 부드러운 비스킷에 달콤한 잼이 가득 발려 있으며, 3개로 구성된 작은 크기도 있다. 블루베리 맛이 인기다.

브리코 Delf-Briko

웨이퍼류로 웨이퍼보다 더 진하고 깊은 바닐라 크림 맛이 난다. 과대 포장 없이 가득 채워져 있으며, 초코 맛보다는 밀크 바닐라 맛을 추천한다.

테보똘 Tehbotol

'차가 담긴 병'이라는 뜻의 테보똘은 인도네시아의 국민 음료수다. 인도네시아 회사인 소스로Sosro사의 음료수로, 자스민 차를 병 또는 팩에 담아 판매한다. 미국 사람들이 코카콜라에 중독돼 있듯이 인도네시아 사람들은 테보똘을 마신다.

실버 퀸 Silver Queen

다양한 종류가 있지만 그중 청키 바Chunky Bar를 추천한다. 토블론 초콜릿과 비슷한 질감으로 꾸덕꾸덕한 초콜릿 맛이다.

포드/크라카코아 Pod/Krakakoa

마트에서 판매하는 초콜릿으로, 가격대가 다소 있는 대신 진한 초콜릿 맛을 즐길 수 있다. 포드 초콜릿은 솔티드 피넛버터, 크라카코아는 크리미 커피 맛이 인기다. 특히 유기농 카카오를 사용하는 크라카코아는 2017 아카데미 초콜릿 어워즈AOC에서 우승하기도 했다.

아빠 까바르

APA KABAR

발   리

HOW TO GO

발   리

항공권 구입, 환전, 공항 출입
국, 현지 상황 등 여행을 떠나려
면 체크해야 할 것들이 많다. 준
비부터 여행이 끝날 때까지 발
리 여행에서 알아야 할 것들을
꼼꼼히 안내한다.

여행 전
체크 리스트

한국에서 발리 가는 방법

발리로 가는 항공편은 직항과 경유로 나뉜다. 직항 항공편을 운행하는 항공사는 딱 두 곳으로 대한항공과 가루다 인도네시아 항공이다. 인천 국제공항에서 직항으로 7시간 정도면 도착 가능하다. 요금대가 조금 더 저렴한 경유 항공편을 이용할 수도 있다. 경유 항공은 싱가포르, 태국 등 다른 동남아 도시를 경유해 발리로 가는 일정이다. 경제적 여유가 된다면 편안한 직항 항공편을 이용하는 게 가장 좋겠지만, 스톱오버를 위해 다양한 스케줄로 여행을 하고 싶은 경우 등 여러 가지를 비교해 나에게 꼭 맞는 항공권을 구매하자. 부산에서는 직항 노선이 없다. 항공사별로 취항지에 따라 경유 노선이 다른데, 싱가포르와 홍콩을 경유하는 노선이 인기다.

이용하는 비행기가 대한항공, 가루다 인도네시아, 델타 항공, 에어프랑스, KLM, 아에로멕시코, 알리탈리아, 중화항공, 샤먼항공, 체코항공, 아에로플로트라면 기존 터미널이 아닌 인천 국제공항 제2 여객 터미널로 가야 한다. 공항버스(리무진)를 타고 오거나, 공항철도를 타고 온다면 제1 여객 터미널을 지난 후에 제2 여객 터미널(종점)로 향한다는 것을 참고하자. 제2 여객 터미널은 이용 항공사가 적어 제1 여객 터미널보다 한적한 편이다.

구분	항공사 스케줄
직항	**대한항공** 주 9회, 매일 1~2편 운항 16:05 출발 ▸ 22:10 도착 (7시간 5분 소요) 17:50 출발 ▸ 23:45 도착 (6시간 55분 소요)
	가루다 인도네시아 주 2회, 매주 일·월 운항 (2022년 12월 4일부터 운항 재개) 11:25 출발 ▸ 17:20 도착 (6시간 55분 소요)
경유	**싱가포르항공** 9:00 출발 ▸ 18:50 도착 (10시간 50분 소요)
	중국남방항공 11:15 출발 ▸ 23:30 도착 (13시간 15분 소요) 16:25 출발 ▸ 7:40(+1일) 도착 (16시간 15분 소요)
	에어 아시아 12:55 출발 ▸ 23:15 도착 (11시간 20분 소요)

※ 항공사 상황에 따라 일정과 시간은 변동이 있을 수 있다. 예약 시 항공사 홈페이지를 참고한다.

항공권 예매하기

인천–덴파사르의 경우 동남아 지역이지만 항공권이 저렴한 편은 아니다. 일 년에 한 번 가루다 인도네시아 항공에서 열리는 얼리 버드 특가나 국민은행의 로블ROVL 카드, 삼성의 아멕스항공 플래티늄 카드와 같은 특정 카드 이용 시 혜택을 받아 조금 더 저렴하게 구매할 수 있다. 대한항공의 경우 일명 '발리카 드'로 불리는 로블 카드를 이용해 대한항공 동남아 항공권을 예매하면 1+1 혜 택이나 본인 좌석 무료 업그레이드 혜택이 있다. 현재 국민은행의 로블 카드는 2018년 1월자로 신규 발급은 중단됐다.

항공사별 수하물 규정(이코노미 기준)		
대한항공	23kg 이내 1개	좌석 등급, 멤버십 등급에 따라 조정된다.
가루다 인도네시아	30kg 이내 1개	좌석이 없는 유아는 10kg 및 1개의 위탁 수하물 또는 완전히 접을 수 있는 유모차 반입이 가능하다.
싱가포르항공	30kg 이내 1개	기내 수하물 1개 최대 무게 7kg
에어 아시아	20kg 이내 (수하물 추가금 있음)	위탁 수하물 20kg 추가 시 약 41,000원을 지불해야 한다. 접이식 유모차 1개, 휴대 수화물 7kg 이내는 반입이 가능하다.

※ 유아와 소아도 항공사마다 수하물 규정이 있으니 체크하는 것이 좋다.
※ 수화물 규정은 항공사마다 임의로 변동될 수 있으니 항공권 구매 시 반드시 확인한다.

Tip. 항공권 조금 더 저렴하게 구입하기

항공권 가격 비교 사이트의 경우 반복적으로 방문하거나 한 사이트에 오래 머 물 경우 구매 확률이 높다고 판단해 가격이 높아질 수 있다. 인터넷 이용 시에는 방문 기록을 지우거나 시크릿 모드로 접속한다.
모바일의 경우 iOS는 사파리 접속 ▶ 개인 정보 보호 버튼 클릭을 통해 개인 정보 보호를 활성화한다. 안드로이드는 인터넷접속 ▶ 메뉴 ▶ 시크릿 모드를 설정한다.

※ 꼭 확인해야 할 사항
인도네시아의 경우 여권 만료 기간이 출국 날짜로부터 6개월 이상 남아 있어야 입국이 가능하다. 항공권을 예매하기 전에 여권 만료 기간을 꼭 확인한다.

여행 짐 싸기

짐의 무게는 여행의 만족도를 결정짓는 데 생각보다 중요한 요소다. 발리의 경우 1930년대부터 외국인 관광객이 많았던 만큼 웬만한 것은 현지에서도 구매할 수 있다. 불필요한 짐은 과감하게 줄이고 꼭 필요한 물건만 챙겨서 가볍게 떠나자. 짐을 챙기기에 앞서 미리 체크 리스트를 작성하는 것이 좋다.

필수 아이템
• 뜨거운 햇빛을 막아 줄 자외선 차단제, 모자, 선글라스
• 배탈, 설사, 감기 등에 필요한 상비약
• 일교차, 에어컨에 대비한 차대기 편한 카디건
• 휴대 전화 및 카메라 충전기와 여분의 메모리 카드
• 기억에 남을 만한 여행을 계획한다면 〈지금, 발리〉 가이드북

추천 아이템
• 편하게 신고 벗을 수 있는 샌들 & 운동화
• 물놀이에도 휴대폰을 안전하게 지켜 줄 방수 팩
• 발리의 자연과 문화를 기록할 수 있는 카메라
• 뜨거운 햇볕에 지친 피부를 식혀 줄 얼굴 팩
• 트레킹 및 관광을 즐기기 위한 편한 옷
• 여벌의 속옷, 짐 정리 시 압축 보관을 할 수 있는 지퍼 백
• 카메라, 스마트폰 등 여러 전자기기를 이용한다면 멀티 탭

여행자 보험 들기

자유 여행자라면 보험은 선택 사항이지만 마음 편한 여행을 위해서는 미리 가입하고 떠나는 방법도 추천한다. 여행자 보험의 성격은 여행 일정과 보장 범위에 따라 달라지며, 여행자들은 주로 2만 원 전후반 대의 보험을 이용한다. 인터넷, 전화 등의 방법으로 가입이 가능하며, 보험 적용 여부와 적용 일자를 꼼꼼히 확인하는 것이 좋다. 미리 가입하지 못한 경우 인천 국제공항의 보험 서비스 창구에서 바로 들 수 있으나 가격은 조금 더 비싼 편이다.

※ 여행자 보험의 경우 병원 이용, 안전사고 외에 소지품을 소매치기 당했을 경우에도 보상받을 수 있다.
※ 현지에서 문제나 보상받을 일이 발생했다면 반드시 현지의 공신력 있는 기관을 통해 증명 문서를 받아 보관해야 한다(경찰서의 폴리스 리포트Police Report, 병원의 처방전, 금액 영수증 등).

출발 전 체크 리스트

공항에 도착해서 여권을 두고 왔다는 것을 알게 된다면? 공항 픽업 차량을 예약했는데 차량이 나타나지 않는다면? 호텔에 도착했는데 예약 기록이 없다면? 생각만 해도 머리 아프지만 실제로 종종 일어나는 사례다. 만약의 상황에 대비해 출발 전 최종적으로 체크 리스트를 확인해야 한다.

- 여행 짐(본인) 작성한 짐 체크 리스트를 통해 확인
- 여권(본인) 여권 유효 기간(6개월 이상) 확인
- 항공권(본인) E-티켓 출력, 출도착 여정, 항공사별 터미널 확인
- 지갑(본인) 현금, 현지 통화, 비자카드 등 확인
- 카드(카드사) 신용카드 해외 결제 가능 여부, 해외 인출 기능 및 한도 확인
- 예약 관련(바우처 준비 혹은 여행사) 바우처 E-티켓 혹은 출력 본, 예약 내역 확인

환전하기

여행 기간 동안만큼은 걱정 없이 즐기기 위한 총알 장전, 즉 환전을 해야 한다. 다양한 환전 방법이 있지만 가장 추천하는 방법은 리브Livv 앱 환전 혹은 서울 역 환전 센터 이용이다. 단, 한국 시중 은행의 경우 루피아를 취급하지 않는 곳 이 많아 지방 사람들은 한국에서 환전하기가 어렵다. 그 때문에 대부분 달러로 환전해 가서 현지에서 루피아로 환전하는 방법을 택하는데, 이때 현지 환전 시 지폐를 덜 주는 소위 밑장 빼기(?)식의 사기가 있을 수 있으니 환전소에서 지 폐를 꼭 세어 본다.

- 은행 환전 시중 은행 우대 쿠폰(고객 등급에 따라 변동) 필수
- 공항 환전 공항에 위치한 은행에서 환전한다(수수료가 가장 비쌈).
- 현지 환전 발리 공항 및 거리에서 쉽게 발견할 수 있다(업체마다 환율이 다르 며, 사기 행각이 빈번하게 발생함).

- 트래블페이 카드*** 해외여행 시 유용하게 쓸 수 있는 카드. 외화를 충전하 여 사용할 수 있으며, 연회비가 없고 해외 결제 수수료도 무료다. 현지 ATM 기기에서 루피아를 출금할 수도 있다. 단, 카드를 사용할 수 없는 상황을 대 비해 현금(달러 또는 루피아)을 일부 환전해 두기를 추천한다.

Tip. 추천하는 환전 방법

- **서울역 환전**

  서울역 지하에 있는 우리은행 및 국민은행 지점에서 최고 80%까지 환전 우대 를 받을 수 있다. 또한 시중 은행과 달리 오전 9시부터 오후 8시까지 이용 가능 하며, 연중무휴로 주말과 공휴일에도 이용 가능하다.

  ❶ 내국인 신분증 제시 시 한화 500만 원 까지 환전 가능하다.

  ❷ 환전 시 공항철도 운임을 우리은행 6,900원, 국민은행 7,500원으로 할인 이용할 수 있다.

- **국민은행 리브Livv 앱**

  Livv 앱 이용 시 국민은행 계좌 없이도 최대 90%까지 우대 받을 수 있다. 은 행에 방문할 필요 없이 인천 국제공항에서 수령할 수 있는 장점이 있다.

  ❶ 환전 시 국민은행 전 지점 영업점에서 편한 시간에 수령 가능하다.

  ❷ 인천 국제공항 KEB 하나은행에서 수령 가능하다.

출입국
체크 리스트

인천 국제공항 가는 방법

인천 국제공항까지 가는 방법으로는 자가용과 대중교통을 이용하는 방법이 있다. 자가용을 이용하는 경우 도로 상황에 따른 지연, 여행 기간 동안의 주차비와 같은 불편한 점이 있어 대중교통 이용을 추천한다. 대중교통의 경우 공항철도, 직통열차, 공항버스 등이 있다.

공항철도
수도권에서 인천 국제공항까지 가장 빠르게 갈 수 있는 교통수단이다. 공항버스에 비해 이용 지역은 제한적이지만 이른 시간부터 열차가 상시 운행하며, 도로 교통 상황에 영향을 받지 않고 제 시간에 도착한다는 장점이 있다.

- 일반열차 첫차 5:18 / 막차 23:50
- 직통열차 첫차 5:15 / 막차 23:40
- 공항철도 노선도

직통열차 AREX

서울역 도심공항과 인천 국제공항 터미널을 가장 빠르게 연결하는 열차로, 직통열차 기준 서울역~인천공항 제 1, 2터미널이 약 43~51분 소요된다. 일반 열차 기준 서울역~김포공항~인천공항 제 1, 2터미널은 액 59~66분 소요된다. 하루 각각 26회 평균 40분 간격으로 운행하고, 서울역 지하 2층과 인천 국제공항 제1, 2 터미널 지하 1층에서 탑승 가능하다.

- 열차 운임 어른 9,500원, 어린이 7,500원(항공사 제휴 할인 및 기타 여러 제휴 할인 제도가 있다)
- 이용 방법 서울역 : 지하 2층 직통열차 고객 안내 센터에서 승차권을 구입한 후 탑승한다.

공항버스(리무진)

노선도 다양하고 서울 시내 주요 중심지를 모두 거쳐 간다. 공항행 교통수단 중 가장 많은 정류소가 있어 많은 사람이 이용한다. 집 근처 정류장에서 이용할 수 있어 공항철도보다 편하지만 교통 상황에 따라 시간이 오래 걸릴 수 있다. 요금은 7,000원부터 지역마다 달라진다.

- 노선 검색 www.airport.kr/ap/ko/tpt/busRouteList.do
- 버스 운임 구간마다 다르다.
- 주요 노선버스 번호 서울시청 6701 / 명동 6515, 6001 /
  한국도심공항 6103 / 영등포 6008 / 마포구 6015

도심 공항 터미널

서울역과 삼성역에 위치한 도심 공항 터미널은 교통편뿐 아니라 공항처럼 체크인과 수하물 수속을 할 수 있다. 그러나 발리의 경우 삼성역, 서울역 도심 공항 터미널에 가루다 인도네시아 항공이 입점돼 있지 않아 탑승이 불가능하다. 단, 공동 운항 항공편의 경우 각 편명마다 적용 범위가 다르니 항공사에 확인이 필요하다.

Tip. 코로나19와 관련해 알아 두어야 할 사항

코로나19로 인해 발리(인도네시아)에 입국할 때 알아 두면 좋은 사항을 정리했다. 입국과 관련된 사항의 경우, 각국 상황에 따라 갑작스럽게 변동되는 경우가 있어 떠나기 전 한 번 더 대사관을 확인하는 것을 추천한다.

• 한국에서 인도네시아로 입국 시 준비 사항

기존에는 인도네시아 입국 시 아래와 같이 영문으로 된 백신 접종 증명서(2차 이상)을 제시해야 했고, PeduliLindungi 앱을 설치했는지도 확인했다. 하지만 2023년 6월 9일 이후 방역 수칙이 완화되어 백신 미접종자도 입국이 가능해져서, 지금은 백신 접종 증명서와 PeduliLindungi 앱을 준비하지 않아도 된다. 다만 코로나19 상황에 따라 규정이 다시 바뀔 수도 있으니 참고하도록 하자.

❶ 영문으로 된 백신 접종 증명서(2차 이상)
– 2차 접종일이 출발일 기준 14일 이전이면 입국 가능
– 건강상 특이 체질로 미접종 시 한국 국립병원 의사 소견서와 PCR 음성 결과서 필요
– 2차 접종 증명은 접종 유효 기간이 없음

❷ PeduliLindungi 앱 설치
– 앱만 설치, 접종 증명서를 휴대 입국하면 됨
– 실내 쇼핑몰 등 입장 시 해당 어플을 이용해 QR코드 확인

※ 위 내용은 2023년 9월 기준이며, 인도네시아의 방역 정책에 따라 이후 변경될 수 있다. 대사관 홈페이지와 항공사에서 업데이트된 내용을 수시로 확인하도록 하자.

• 인도네시아에서 한국으로 입국 시 준비 사항

❶ PCR 또는 RAT 음성 결과서 폐지
– 출발일 48시간 이내 PCR 또는 24시간 이내 RAT(신속 항원 검사)음성 결과서는 폐지됨

❷ Q-code 등록
– 출발 1일 전 Q-code 등록 시 개인 정보와 비행 정보만 업로드
– Q-code 온라인 등록 완료 후 발급되는 핸드폰상 QR코드 제시하거나 출력물 제시
– 등록 사이트: cov19ent.kdca.go.kr

• PCR 및 RAT(신속 항원 검사) 가능한 곳
발리로 입국할 때와 한국으로 돌아올 때 모두 PCR 검사가 폐지되었지만, 방역 정책이 수시로 변동될 수 있으니 검사 받을 수 있는 곳을 확인해 두자. 검사를 받을 때는 여권을 꼭 챙겨야 한다. 결제는 대부분 현금 및 카드 결제 모두 가능하다.

❶ BIMC Hospital Kuta
• 주소 Jl. Bypass Ngurah Rai No.100X, Kuta, Kec. Kuta, Kabupaten Badung, Bali 80361, Indonesia
• 전화번호 +62 361-761263
• 가격 PCR 275k / RAT 99k

❷ Siloam Hospitals Denpasar
• 주소 Jl. Sunset Road No.818, Kuta, Kec. Kuta, Kabupaten Badung, Bali 80361, Indonesia
• 전화번호 +62 361-779900
• 가격 PCR 275k / RAT 99k

❸ 방문 검사
• 링크 https://www.klook.com/ko/activity/59297-pcr-antigen-home-testing-unicare-bali/?spm=SearchResult.SearchResult_LIST&clickId=ef1d43cc08
• 가격 한화 약 11,000원 (변동 가능)

❹ 응우라라이 공항 내 검사소
- 주소 Bandara International I Gusti Ngurah Rai Bali 주차장 C1 맞은편 Airport Health Center (Ex. Gedung Wisti Sabha)
- 전화번호 +62 361 9351011
- 링크 https://bali-airport.com/en
- 가격 PCR 275k / RAT 99k

❺ 자신과 가까운 검사소 알아보기
STEP 1 구글맵을 켠다. (모바일 / 웹 둘다 가능)
STEP 2 PCR을 검색한다. 이 경우, PCR 및 RAT 검사소 모두 같이 확인해 볼 수 있다.
STEP 3 본인 위치와 가까운 검사소에 방문한다.

출국하기

STEP 1 공항 도착
항공편 출발 2~3시간 전에 미리 도착하자.

STEP 2 탑승 수속
이용 항공사의 카운터 혹은 셀프 체크인 기기 등을 이용해 좌석 배정 및 수하물 위탁과 동시에 탑승 수속을 한다.

STEP 3 세관 신고, 병무 신고
고가 물품은 출국 전 세관 신고를 통해 휴대 물품 반출 신고서를 받아야 한다. 세관 신고를 하지 않을 경우 입국 시 구매 물품으로 판단해 세금을 징수할 수 있다. 병무 의무자는 출국 전 병무 신고 센터를 통해 국외 여행 허가 증명서를 발급받고 출국 신고를 해야 한다.

STEP 4 보안 검색
여권과 항공권을 제시하고 출국장으로 이동해 보안 검사를 받는다. 노트북, 태블릿 PC를 가지고 기내에 탑승할 예정이라면 가방에서 꺼내 따로 검사를 받아야 통과할 수 있다.

STEP 5 출국 심사

항공편 출발 2시간 전부터 가능하다. 보안 검사를 마친 뒤에 여권과 탑승권을 제시하고 출국장을 받으면 출국 심사가 끝난다.

STEP 6 면세점 이용, 면세품 수령

2018년 발리 공항의 개정된 면세 한도액은 1인 USD500이다. 공항 면세점에서 구입한 물건을 들고 발리에 입국할 때 USD500 초과 시 세금을 내야 한다(종전에 있었던 가족 USD1,000 개념은 삭제됨). 담배는 200개비, 시가 25개, 주류는 1L까지 가능하다. 인터넷을 통해 구매한 면세품이 있다면 해당 인도장으로 이동해 물품을 수령한다. 여권과 탑승권 물품 수령권(문자 혹은 모바일 수령권)을 반드시 지참해야 한다.

STEP 7 항공 탑승

출발 30~40분 전에 시작해 출발 10분 전에 탑승을 마감한다. 승무원의 안내를 받아 해당 좌석에 앉고 기내 반입 물품은 상단 캐비닛 혹은 좌석 밑에 보관한다.

기내반입 불가물품
- 용기 1개당 100mL 초과 액체류 혹은 총량 1L를 초과하는 액체류
- 인화 물질, 가스 및 화학 물질
- 칼, 가위, 송곳 등 무기로 사용 가능한 물품 혹은 총기류 및 폭발물, 탄약
- 위탁 수하물 금지 물품 : 보조 배터리, 휴대 전화, 카메라 배터리, 전자 담배

STEP 8 입국 준비

도착 전까지 인도네시아 입국을 위한 서류로 세관 신고서가 있다. 세관 신고서에 영문 이름, 국적, 여권 번호, 항공편명, 생년월일, 거주지 등을 기재하면 된다. 기내에서 승무원이 신고서를 나눠 주면 받는 즉시 작성해 두는 것이 입국 수속을 밟을 때 편하다.

인도네시아 입국하기

2022년 4월부터 발리에 입국하는 해외관광객은 관광비자 혹은 도착비자 (VOA)가 필요하다.

STEP 1 도착 비자(VOA : Visa On Arrival)

사전에 비자를 발급받지 않고 주재국 공항만에 도착한 외국인에 대해 관광 등 목적에 한해 공항에서 직접 발급하는 비자로, 별다른 준비 사항은 없고 발리 공항에서 현금으로 발급 가능하다.

• 여권 유효 기간 최소 6개월 이상
• 최초 30일 체류 가능, 1회에 한하여 30일 추가 연장 가능
• 신청 수수료는 IDR 500,000 또는 USD 35(환율 변동 가능)이며 도착 시 현금 지불(달러보다는 루피아로 결제하는 편이 환율에 유리)

※ 2022년 11월 9일부터 전자 도착 비자 e-VOA를 실시하고 있다. 다만, 여권 정보 입력, 회원 가입, 신용 카드 결제 등의 절차가 있어서 발리 입국 시 도착 비자를 발급받는 것과 비교해서 입국 절차가 빨라지는 편은 아니다.
※ 대사관 당직 전화: +62-21-2967-2580 / (긴급, 24시간) +62-811-852-446

STEP 2 입국 심사

여권과 세관 신고서를 준비하고 있다가 자신의 차례가 되면 제출한다. 신고서 작성이 미흡할 경우에는 정정 요청을 할 수 있다. 성수기에는 줄이 굉장히 길고, 1시간~1시간 30분 정도 소요될 수 있다. 입국 심사를 기다리는 동안에는 사진 찍는 것을 엄격하게 금한다.

STEP 3 수하물 찾기

입국 심사가 끝나면 수화물 인도장에서 자신이 타고 온 항공편 수하물 레일을 확인한 후 해당 레일에서 짐을 찾는다.

STEP 4 세관 검사

위탁 수하물에 문제가 있거나 출발 전 인천 국제공항 면세점에서 고가 또는 입국 허용 면세 한도를 초과해 구매하지 않았다면 대부분 그냥 통과된다. 간혹 짐 검사를 랜덤으로 요구할 때가 있는데 당황하지 말고 안내에 따라 수하물을 확인시키면 된다.

세관 신고서 작성

기존에는 기내에서 프린트된 종이를 나눠 주었는데 이제는 온라인으로도 작성이 가능하다. 온라인 세관신고서의 경우 출국 이틀 전부터 작성이 가능하다. 작성 후에는 받은 QR코드를 스캔해서 제출할 수 있다.

• 종이로 세관 신고서 작성, 혹은 전자 세관 신고서EDC 작성 후 제출
• 세관 등록 홈페이지: ecd.beacukai.go.id

응우라라이 공항에서 이동하기

발리 공항에 도착한 후 숙소까지 이동하기 위해 가장 많이 이용하는 방법은 택시다. 그러나 공항에서 택시를 부르는 것보다는 클룩Klook 앱을 이용해 미리 픽업 서비스를 예약하면 합리적인 가격에 안전하게 택시를 이용할 수 있다. 최대 4명까지 탑승할 수 있으며 에어컨이 완비된 차량이 픽업하러 온다.

택시 이용 방법(편도 기준)

• 꾸따 6,700원 / 짐바란 8,300원 / 사누르, 스미냑 10,900원 / 누사두아 12,500원(한화 기준)
• 예약 후에는 이메일을 통해 확정 메일과 바우처가 바로 발송된다. 혹은 모바일 앱을 통해 예약 내역을 확인할 수 있다.
• 반드시 24시간 전에 예약해야 하며, 요청 시 아동용 카시트를 이용할 수 있다(개당 50,000Rp 추가).
• 공항 픽업의 경우, 운전기사는 클룩Klook이 적힌 피켓을 들고 입국장에서 기다린다(항공편 도착 시간 기준 최대 2시간 대기).

발리의
교통수단

발리의 대중교통

발리가 서울과 확연히 다른 점 중 하나는 대중교통이 없다는 것이다. 잘 되어 있지 않은 것이 아니라 지하철과 같은 대중교통이 아예 없다. 택시를 가장 많이 이용하고 차선책으로 버스를 이용할 수 있다.

택시

사회적 인프라가 아직 미약하지만 넘치는 관광객들로 인해 꾸따, 스미냑, 우붓 어디든 교통 정체가 심하다. 이 때문에 발리에서는 이동 수단으로 택시를 자주 이용하게 되는데, 부르는 게 값이라는 배짱 택시 기사가 많다. 이도 저도 모르는 관광객이자 외국인이기에 호객되기 십상이지만, 그럼에도 불구하고 그나마 합리적인 가격으로 택시를 이용하기 위해서는 블루 버드사의 택시를 이용하는 것이 좋다. 블루 버드 택시는 은은한 펄 느낌이 있는 하늘색으로 블루 버드 그룹Blue Bird Group이라고 명시돼 있으며, 택시 중간에 새 모양의 그림이 있다. 블루 바이오Blue Biro, 골든 버드Golden Bird 등 교묘하게 블루 버드와 비슷한 택시가 많으니 마이 블루 버드My Blue Bird 앱을 이용하거나 미터 택시인지 탑승 전에 확인해야 한다.

쁘라마 버스 Perama Bus

꾸따, 우붓, 사누르, 로비나 등 발리 여러 지역을 연결하는 미니 셔틀버스다. 각 지역의 쁘라마 여행사에서 티켓을 예매, 구매할 수 있으며 시간표와 금액도 확인 가능하다. 예약 시 이름, 인원, 금액 지불 여부가 적힌 영수증이자 티켓을 받는다. 구매 후 출발 시각 15분 전까지 사무소에 도착해 영수증을 보여 주면 해당 버스로 데려다준다. 저렴한 가격이 가장 큰 메리트로 꾸따-우붓 이동 시 편도 60k(60,000Rp)다. 버스는 노후된 편이고 에어컨을 잘 켜지 않아 덥지만 요금이 저렴해 배낭여행자들이 주로 이용한다.

꾸라꾸라 버스 Kura-kura

거북이라는 뜻은 꾸라꾸라 버스는 꾸따, 르기안, 스미냑 등을 포함해 총 8개의 노선이 있다. DFS 갤러리아 몰을 기점으로 꾸따의 리뽀Lippo 몰, 비치 워크 쇼핑센터, 스미냑 스퀘어와 같이 유명한 쇼핑몰, 호텔 위주로 정류장이 있다. 버스는 총 3종류로 12인승부터 최대 29인승까지 운행하는데, 노선별 요금은 일정하게 정해져 있고 티켓은 총 3가지가 있다. 티켓 중 코인의 경우 1회 이용 가능하며, 여러 번 이용할 수 있는 카드, 무제한 이용이 가능한 데이 패스가 있으므로 목적에 맞게 구매하는 것이 좋다. 버스 내에서는 무료 와이파이, 전기 콘센트 이용이 가능하며 에어컨이 완비돼 있다.

- 코인 요금 꾸따, 르기안, 스미냑 20k / 사누르 40k / 누사두아 50k
- 카드 요금 최소 10~50k(구매 시 보증금 20k)
- 1일권(데이 패스) 100k

고젝 Go-Jek

인도네시아 대표 O2O 기업으로 20만 명에 달하는 오토바이 운전자를 보유하고 있다. 오토바이 외에도 자동차 택시 서비스를 제공하는 앱으로 현지인들이 많이 이용한다. 고젝 앱 다운로드 후 택시 서비스는 GO-CAR / 오토바이 서비스는 GO-RIDE를 선택해 이용할 수 있다. 출발지와 목적지를 입력한 후 기사를 호출하는 방식이며 목적지 기입 시 거리에 따라 요금이 산정된다.

그랩 Grab

동남아시아의 우버로 불리는 그랩 앱은 인도네시아에서도 많이 쓰인다. 그랩 Grab 어플리케이션을 설치한 후 택시를 불러 이용하면 블루 버드 택시보다도 저렴하게 탈 수 있다. 사용법은 현재 위치를 설정한 후 목적지를 설정하면 된다. 부르기로 결정하면 카카오 택시처럼 기사의 위치와 몇 분 후 도착하는지를 실시간으로 확인할 수 있다. 100% 정액제로 목적지 설정 시 제시된 금액만 지불하면 되기 때문에 흥정으로 머리 아플 일도 없다. 그러나 블루 버드, 그랩, 우버와 같은 서비스는 발리의 외곽이나 우붓 지역에서는 지역 경제 활성화를 위해 엄격히 막고 있어 지역에 따라 이용이 불가능한 곳이 있다.

알아 두면
좋은 정보

화폐

Rupiah. Rp로 줄여 쓰며 '루피아'라 읽는다. 지폐는 1,000, 2,000, 5,000, 10,000, 20,000, 50,000, 100,000Rp(100,000Rp=한화 약 8,350원, 2019년 기준) 7종이 있는데, 인도네시아의 화폐 단위가 크기 때문에 1,000을 의미하는 접두어 kkilo를 사용해서 35,000Rp의 경우 35k와 같이 표시한다. 여행 중 가장 많이 쓰게 될 100,000Rp의 앞면에는 초대 대통령 수카르노와 부통령 하따의 초상이, 뒷면에는 국회 의사당이 그려져 있다. 동전은 100, 200, 500, 1,000Rp로 모든 동전의 앞면에 인도네시아 국장인 가루다 빤짜실라가 새겨져 있다. '가루다'는 발리 힌두교 신화에 나타나는 상상의 새로 가루다가 발톱으로 움켜쥔 천에는 '다양성 속의 통일'이라는 국가의 모토가 새겨져 있다.

치안

발리의 치안은 전반적으로 안전하다. 2002년 폭탄 테러가 발생하기는 했지만 필리핀, 태국 등 다른 동남아 국가나 서양 국가에 비해 양호하다. 이슬람 국가인 인도네시아 령에 속해 도박, 매춘 산업이 거의 없으며 폭력 등으로 법을 어길 시 처벌이 엄해 강력 범죄도 드물다. 단, 꾸따도 뽀삐스, 르기안과 같이 바가 많고 붐비는 골목에서는 관광객을 노리는 소매치기가 자주 일어나니 주의하자.

종교

인도네시아 국민의 87%가 이슬람교인 반면, 발리는 90% 이상이 발리 힌두교를 믿는다. 인도네시아의 전반적인 문화와는 매우 다른 성격을 지니고 있다 (인도네시아의 다른 도시는 이슬람법에 의해 주류 판매가 금지돼 있지만 발리에서는 편의점, 호텔 어디서든 구입할 수 있다).

팁 문화

발리의 카페, 레스토랑, 호텔 대부분은 세금 11%, 서비스료 5~10%를 부과해 영수증을 주므로 따로 팁을 주지 않아도 된다. 그러나 호텔의 벨보이나 택시 기사 등에게는 약간(10,000~20,000Rp 정도)의 팁을 챙겨 주는 것이 관례다.

인터넷

스마트폰이 있으면 대부분의 숙소와 카페에서 무료로 와이파이 사용이 가능하다. 그러나 와이파이는 주로 숙소, 카페 내에서만 사용할 수 있으므로 한국에서 미리 데이터 로밍을 하거나 현지에서 유심 카드를 구입하는 것을 추천한다. 데이터 로밍 비용보다는 유심 구입 비용이 저렴한 편이다.

> **Tip. 유심, 어떤 것을 구입해야 할까?**
>
> 유심 구입 시 아래와 같은 통신사를 참고해 구매하는 것이 좋다. 가장 추천하는 통신사는 인도네시아 3대 통신사 중 두 곳이다. 공항에서 내려 바로 사는 것보다 시내, 현지 마트 주변에서 사는 게 훨씬 저렴하다.
>
> • **텔콤셀**Telkomsel**의 심 파티**Sim PATI
> 텔콤셀Telkomsel은 인도네시아 최대의 국영 통신 기업 텔콤Telkom의 자회사로, 전체 이동 통신 서비스 가입자의 절반 이상을 차지하는 주도적인 서비스 업체다. 현재 시장 점유율이 가장 크며, 인도네시아의 웬만한 지역을 다 서비스한다. 2018년 5월 수정된 법을 기준으로 여권당 하나만 구입할 수 있다.
>
> • **엑셀악시아타**XL Axiata
> 1989년 정보 통신업을 시작했으며, 현재 시장 점유율 2위의 통신사다. 텔콤셀보다 가격이 조금 저렴한 편이다. 텔콤셀과 다르게 1인당 제한 없이 유심카드 구입이 가능하다. 두 통신사의 유심 카드는 모두 발리 전역에서 수신이 문제없이 원활한 편이다.
>
> • **발리에 오래 머무를 계획이라면**
> 텔콤셀의 심 파티 유심 대신 카르투할로KartuHalo 유심을 구입할 수도 있다. 심 파티랑 비슷하지만 선불제가 아닌 후불제 유심으로 인터넷 속도가 훨씬 빠르고 저렴하다. 다만 인도네시아 은행 계좌와 재직증명서가 필요하다.

여행 추천 애플리케이션

• **구글 맵** 목적지까지 가는 방법과 소요 시간을 상세하게 알려 주는 필수 앱
• **그랩 / 우버 App** 동남아 여행 시 교통수단을 책임지는 공유 차량 앱
• **트립어드바이저 App** 전 세계 어딜 가도 여행 걱정 없는 음식점 및 숙박업소 리뷰 앱
• **Gopay** 인도네시아에서 가장 많이 이용되는 결제 서비스로 이용률이 80%에 달한다. 고페이 ▶ OVO ▶ 페이팔 ▶ T 캐시 ▶ DOKU Wallet 순으로 사용한다.

현지에서 ATM 이용하는 방법

BCA, Mandiri, Danamon과 같은 은행의 ATM을 이용할 수 있다. 종종 ATM의 사기나 카드 복사와 같은 사건이 발생하기 때문에 CCTV가 설치돼 있는 쇼핑센터, 은행에 있는 ATM을 이용하는 것을 추천한다. 발리 은행의 경우 1회당 최대 인출 금액은 평균 2,500,000Rp 정도로 많지 않은 편이다. 인출 시 1회당 수수료가 붙는다(수수료는 이용자의 카드마다 다름).

※ 인출 사기에 대처하기 위해 이용한 ATM의 위치 혹은 기기명을 찍어 두는 것이 좋다.

편의 시설

편의점

주로 알파마트Alfamart, 인도마렛Indomaret, 서클-케이Circle-K 브랜드의 편의점이 있으며 간단한 생활용품과 즉석 음식 및 음료를 판매한다. 편의점에서 쉽게 한국 라면을 발견할 수 있으며, 꾸따, 스미냑과 같은 도심 지역에는 24시 편의점이 많다.

드러그스토어

발리에서 가장 흔히 볼 수 있는 드러그스토어는 가디언Guardian과 홍콩계 드러그스토어 왓슨즈Watsons다. 인도네시아의 올리브영이라 할 수 있는 가디언이 규모가 조금 더 크고 매장이 많다. 인도네시아의 화장품은 기초 화장품, 헤어용품, 구강용품 순으로 시장 규모가 크다. 유니레버, P&G, 로레알 등 글로벌 브랜드를 쉽게 찾아볼 수 있으며, 와르다Wardah는 할랄 인증을 받은 현지 브랜드다. 한류 열풍으로 인해 클렌징 워터, 마스크 팩과 같은 한국 제품 또한 쉽게 찾아 볼 수 있다.

코워킹 스페이스

디지털 노마드들이 일하기 가장 좋은 지역 중 세 손가락 안에 드는 곳이 발리이다. 한국과 비교하기는 어렵지만 빠른 와이파이 속도와 잘 갖춰진 오피스 공간은 안 되던 작업도 잘 풀리게 한다. 발리 최초의 코워킹 스페이스였던 후붓은 문을 닫았지만 여전히 우붓, 짱구에 코워킹 스페이스가 잘 갖춰져 있다. 쾌적한 환경은 물론, 강의 및 다양한 이벤트 커뮤니티가 운영되고 있다. 대표적인 곳으로는 Outpost Ubud Coworking, Dojo Bali, Biliq 등이 있다.

택스 리펀드 VAT Refund

택스 리펀드 포 투어리스트Tax Refund for Tourists라는 안내가 있는 곳만 적용 대상이다. 계산할 때 여권을 제시한 후 영수증과 함께 세금계산서tax invoice를 받아야 한다. 여러 계산서의 합이 아니라 한 장의 세금 계산서에 부가세가 50만Rp 이상이어야 한다. 인도네시아에 두 달 이내로 체류했을 때 신청할 수 있으며, 구입한 날로부터 한 달 내 출국 시 신청 가능하다.

환급 카운터

국제선 출국장 체크인 카운터 근처에 있다. 출국 심사 후에는 환급이 불가능하다. 외국 여권을 소지하고 2개월 이내 체류한 사람이라면 지정된 상점을 이용했을 경우 귀국 시 공항에서 부가가치세를 환급받을 수 있다. 세금 환급 기준 이상으로 구매했다면 계산할 때 환급용 영수증을 요청해야 한다. 환급용 영수증 발행 시 여권 정보가 반드시 필요하니 여권을 가지고 다니면 유용하다.

❶ 지정된 상점에서 물건 구입 후 1개월 내
❷ 외국인 여행객이 지정된 상점에서 직접 구매한 물건에 한한다.
❸ 지정된 상점에서 최소 500,000Rp 이상 구매했을 경우

비상연락처

- 대사관 영사과 직통 전화(평일 주간) 62) 361-445-5037
- 대사관 긴급 당직 전화(야간, 휴일) 62) 811-1966-8387
- 대사관 주소 Jl. Jendral Gatot Subroto Kav. 57, Jakarta 12950
- 외교부 영사콜센터 82) 02-3210-0404

발리의 종합병원 응급실(24시간 운영/Covid19 검사 가능)

- Siloam Hospitals Denpasar(꾸따) +62 361-779900
  현대적인 설비를 갖춘 병원으로 깔끔하고, 쇼핑몰과 같이 있어 편의 시설을 이용하기 좋다. 영어 사용이 원활하다.
- BIMC(꾸따, 누사두아) +62 361-761263(꾸따), +62 361-3000911(누사두아)
  실로암과 비슷한 수준의 현대적인 병원으로, 전반적으로 친절하고 진료비는 실로암과 비슷하다. 영어 사용이 원활하다.
- Rumah Sakit Universitas Udayana +62 361-8953670
  발리 우다야나 대학교의 병원이다. 실로암, BIMC에 비해 진료비가 저렴해서 내국인이 많이 찾는다.

여행은 누구와 가느냐, 무엇을 하느냐에 따라 즐거움이 다르다. 동행별, 테마별 코스를 추천한다. 자신의 여행 스타일에 맞는 코스를 골라 그대로 따라 해도 좋고 응용해도 좋다.

대한항공 및 가루다 인도네시아 직항의 경우 주로 오전 11시 30분, 오후 4시 30분, 오후 6시경 인천 국제공항을 출발한다. 당일 저녁부터 여유 있는 일정을 보내고 싶다면 오전 비행기를 추천한다. 단, 항공편의 경우 상황에 따라 임의로 스케줄 변동 및 차이가 있을 수 있다.

Best Course 1

친구와 떠나는
맛집 여행
3박 5일

꾸따·르기안·우붓

방학을 맞이해서 혹은 연차를 내고 어떤 이유로 떠나든 간에 골치 아픈 문제는 다 잊고, 먹고 놀고 즐기기 위해 떠나는 여행이다. 맛집 위주로 짧고 굵게 여행을 즐겨 보자.

1일차	꾸따 와룽 토테모
2일차	꾸따 꾸따 해변 ➡ 비치 볼 발리 ➡ 카페 르기안 27 ➡ 돈 후안 멕시칸 레스토랑 앤 바 ➡ 크럼브 앤 코스터 ➡ 스카이 가든
3일차	우붓 노스티모 그릭 그릴 우붓 ➡ 우붓 몽키 포레스트 ➡ 우붓 트래디셔널 마켓과 우붓 왕궁 ➡ 클라우드 나인 우붓 ➡ 포크 풀 앤 가든즈
4일차	우붓 무슈 스푼 우붓 ➡ 빠당빠당 해변 ➡ 울루와뚜 사원 ➡ 싱글 핀
5일차	출국

PM
7:30

응우라라이 공항
오후 도착

숙소 체크인

🍴 저녁식사 와룽 토테모

AM
9:00
꾸따 해변(서핑 배우기)

도보
5분

PM
12:00
🍴 점심식사
비치 볼 발리

도보
3분

PM
1:00
숙소(휴식)

도보
10분

PM
3:00
카페 르기안 27

도보 10분

PM
11:00
스카이 가든
(나이트라이프 즐기기)

도보
5분

PM
8:00
크럼브 앤 코스터

도보
20분

PM
6:00
🍴 저녁식사 돈 후안 멕시칸 레스토랑 앤 바

AM 10:00

체크아웃 후 우붓으로 이동

↓ 자동차 1시간 10분

PM 12:00

🍴 점심식사 노스티모 그릭 그릴 우붓

도보 10분 →

PM 1:00

우붓 몽키 포레스트

↓ 도보 18분

PM 8:00

포크 풀 앤 가든즈

← 자동차 13분

PM 6:00

🍴 저녁식사 클라우드
나인 우붓

← 도보 20분

PM 3:00

우붓 트래디셔널 마켓,
우붓 왕궁

AM
10:00

🍴 아침식사 무슈 스푼 우붓

↓ 도보 1분

PM
12:00

숙소 체크아웃 후 이동

→ 자동차
1시간 40분

PM
2:00

빠당빠당 해변(선탠, 수영)

→ 자동차
8분

PM
4:00

울루와뚜 사원

↓ 자동차 7분

PM
9:00

공항으로 출발

← 자동차
1시간 30분

✈
응우라라이 공항에서
출발

PM
8:00

🍴 저녁식사 싱글 핀

사랑하는 사람과
떠나는 로맨틱 여행
3박 5일
스미냑·우붓·꾸따

신혼여행의 천국인 발리. 신혼여행이 아니더라도 사랑하는 사람과 발리에서 둘만의 오붓한 시간을 보내 보자. 다양한 액티비티를 함께 하다 보면 몰랐던 서로의 모습을 발견하며 재충전하는 시간이 될 것이다.

1일차	**스미냑** 보스맨
2일차	**스미냑** 호텔 수영장 ➡ 팻터틀 ➡ 따나 롯 사원 ➡ 브리즈 앳 더 사마야 ➡ 포테이토 헤드 또는 쿠데타 발리
3일차	**우붓** 푸스파스 와룽 ➡ 코코라또 ➡ 레이지 캐츠 ➡ 바뚜바라 ➡ 아르젠티니안 그릴러리 ➡ 사라스와띠 사원
4일차	**우붓** 더 요가 반 ➡ 타코 카사 ➡ 우붓 몽키 포레스트 ➡ **꾸따** 비치 워크 쇼핑센터 ➡ 베네 이탈리안 키친
5일차	**출국**

응우라라이 공항
오후 도착

숙소 체크인

🍴 저녁식사 보스맨

Day 2

AM 10:00
호텔 수영장(휴식)

도보 8분

PM 12:00
🍴 브런치 팻 터틀

자동차 40분

PM 2:00
따나 롯 사원

도보 8분

PM 8:00
포테이토 헤드 또는 쿠데타 발리

도보 8분

PM 5:30
🍴 저녁식사 브리즈 앳 더 사마야(석양 감상)

AM
10:00

스미냑 호텔 체크아웃

↓ 자동차 1시간

AM
11:30

우붓 호텔 체크인

도보
11분 →

PM
12:30

🍴 점심식사 푸스파스
와룽(발리 전통 음식 먹기)

도보
1분 →

PM
2:00

코코라또

↓ 도보 14분

PM
8:00

사라스와띠 사원(야경 감상)

← 자동차
9분

PM
6:00

🍴 저녁식사 바뚜바라-
아르젠티니안 그릴러리

← 자동차
12분

PM
4:00

레이지 캐츠

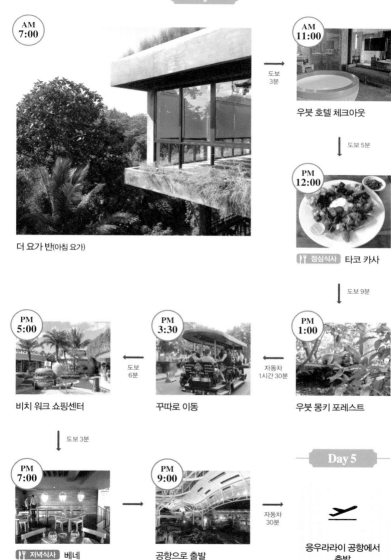

Day 4

AM 7:00

더 요가 반(아침 요가)

도보 3분

AM 11:00

우붓 호텔 체크아웃

도보 5분

PM 12:00

점심식사 타코 카사

도보 9분

PM 1:00

우붓 몽키 포레스트

자동차 1시간 30분

PM 3:30

꾸따로 이동

도보 6분

PM 5:00

비치 워크 쇼핑센터

도보 3분

PM 7:00

저녁식사 베네 이탈리안 키친(일몰 감상)

PM 9:00

공항으로 출발

자동차 30분

Day 5

응우라라이 공항에서 출발

아이와 함께 떠나는 추억 여행
3박 5일
누사두아·꾸따·르기안

다른 동남아에 비해 비행시간이 다소 길지만 안전한 환경, 다양한 음식, 숨 쉬는 자연까지 아이들이 더 좋아하는 곳이 발리다. 특히 마라 리버 사파리 로지에 머무르며 호랑이와 아침 식사를 하는 경험은 아이들에게 잊지 못할 경험이 될 것이다.

1일차	**누사두아** 발리 컬렉션
2일차	**누사두아** 숙소 프라이비트 비치 ➡ 프레고 ➡ 워터 블로우 ➡ 울루와뚜 사원 ➡ 미스터밥바앤그릴 누사두아
3일차	**누사두아** 숙소 수영장 ➡ 마라 리버 사파리 로지 ➡ 파크 내 사파리
4일차	**꾸따** 피시 앤 코 ➡ 꾸따 해변 ➡ 스마트 살롱 앤 데이 스파 르기안 또는 르기안 거리
5일차	**출국**

PM 7:00

응우라라이 공항
오후 도착

숙소 체크인

저녁식사 발리 컬렉션

AM 10:00

누사두아 숙소 프라이비트
비치(수영, 휴식)

도보 10분

PM 12:00

브런치 프레고

도보 22분

PM 2:00

워터 블로우

자동차 42분

PM 7:00

저녁식사 미스터 밥 바 앤 그릴 누사두아

자동차 36분

PM 4:00

울루와뚜 사원(구경, 전통 공연 관람)

81

Day 3

AM
10:00

숙소 수영장(휴식)

PM
12:00

체크아웃 후 이동

자동차
1시간

PM
1:30

마라 리버 사파리 로지 숙소 체크인

도보 3분

PM
7:00

🍴 저녁식사 숙소
(저녁 식사 후 휴식)

도보
3분

PM
3:00

파크 내 사파리(구경, 먹이 주기 체험)

AM 10:00

체크아웃 후 꾸따로 이동

↓ 자동차 1시간 10분

PM 12:00

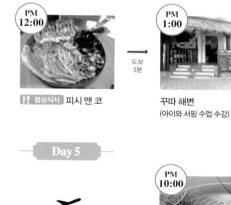

🍴 점심식사 피시 앤 코

도보 3분 →

PM 1:00

꾸따 해변
(아이와 서핑 수업 수강)

도보 12분 →

PM 8:00

PM 10:00

공항으로 출발

자동차 30분 →

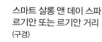

응우라라이 공항에서
출발

스마트 살롱 앤 데이 스파
르기안 또는 르기안 거리
(구경)

부모님과 떠나는
럭셔리 여행
3박 5일
누사두아 · 스미냑

일단 편해야 한다. 이번 여행만은 부모님의 몸과 마음이 완벽한 휴식을 취할 수 있도록 구성해 보자. 외국 음식에 지치신 것 같다면 한끼 정도는 한식으로 구성하는 것을 추천한다(치 비 칩스 등 스미냑 본문 참고).

1일차	누사두아 발리 컬렉션
2일차	누사두아 숙소 프라이비트 해변 ➡ 프레고 ➡ 워터 블로우 ➡ 울루와뚜 사원 ➡ ➡ 미스터밥바앤그릴 누사두아
3일차	누사두아 숙소 수영장, 정원 ➡ **스미냑** 아틀라스 키친 앤 커피 ➡ 더블유 호텔 발리 내 스파 ➡ 숙소 수영장 ➡ 브리즈 앳 더 사마야 ➡ 스미냑 빌리지
4일차	**스미냑** 니아 쿠킹 클래스 ➡ 리볼버 에스프레소 ➡ 밈피 마니스 또는 까유 아야 거리 ➡ 더 케어 데이 스파 ➡ 삼발 슈림프
5일차	출국

Day 1

응우라라이 공항
오후 도착

숙소 체크인

PM 7:00

🍴 **저녁식사** 발리 컬렉션

Day 2

AM 10:00

누사두아 숙소 프라이비트
해변(수영, 태닝 즐기기)

→ 도보 10분

PM 12:00

🍴 **브런치** 프레고

→ 도보 10분

PM 2:00

워터 블로우

↓ 자동차 42분

PM 8:00

미스터 밥 바 앤 그릴
누사두아

← 도보 22분

PM 7:00

숙소 도착

← 자동차 1시간

PM 4:00

울루와뚜 사원
(구경, 전통 공연 관람)

Day 3

AM
10:00

AM
11:00

체크아웃 후 스미냑 이동

자동차 42분

PM
12:00

스미냑 숙소 체크인

도보 8분

PM
4:00

PM
2:00

PM
1:00

숙소 수영장, 정원(휴식)

도보
10분

숙소 수영장(선탠, 휴식)

더블유 호텔 발리 내 스파
(발리 전통 마사지 즐기기)

도보
11분

🍽 점심식사 아틀라스
키친 앤 커피

도보 15분

PM
5:00

PM
7:30

🍽 저녁식사 브리즈 앳 더
사마야(선셋 감상)

도보
6분

스미냑 빌리지(쇼핑)

86

AM
8:00

니아 쿠킹 클래스

도보
10분

PM
2:00

리볼버 에스프레소

도보 10분

PM
6:00

🍴 저녁식사 삼발 슈림프
(전통 공연 관람)

도보
5분

PM
4:00

더 케어 데이 스파
(마사지 받기, 짐 맡기기)

도보
4분

PM
3:00

밈피 마니스 또는 까유
아야 거리(쇼핑)

도보 5분

PM
8:30

더 케어 데이 스파(짐 찾기)

PM
9:00

공항으로 출발

자동차
35분

응우라라이 공항에서
출발

신나는 액티비티에 빠지는 체험 여행
7박 8일
꾸따·우붓·짱구·사누르

'다 똑같은 동남아 여행은 싫어!' 하는 사람이라면 발리에 오길 잘했다. 일주일 정도의 여유가 된다면 머무르는 동안 서핑을 배워 보는 것도 좋다. 낮에는 관광지와 맛집 투어를, 해 지고 나서는 나이트라이프를 즐겨 보자.

1일차	꾸따 숙소 룸서비스로 저녁 식사 또는 나이트라이프 즐기기
2일차	꾸따 꾸따 해변 ➡ 비치 워크 쇼핑센터 ➡ 피시 앤 코 ➡ 빠당빠당 해변 ➡ 울루와뚜 사원 ➡ 싱글 핀 ➡ 브이아이피
3일차	꾸따 꾸따 해변 ➡ 컵밥 발리 ➡ 우붓 캐러멜 ➡ 우붓 트래디셔널 마켓 ➡ 우붓 왕궁, 사라스와띠 사원 ➡ 타코 카사 ➡ 카페
4일차	우붓 우붓 요가 센터 ➡ 세이지 ➡ 발리 스윙 ➡ 네카 아트 뮤지엄 ➡ 바뚜바라 ➡ 아르헨티니안 그릴러리 ➡ 호텔 스파
5일차	짱구 짱구 플리마켓 ➡ 브로 레스토 ➡ 짱구 해변 ➡ 데우스 엑스 마키나 짱구 ➡ 프리티 포이즌
6일차	사누르 사누르 해변 ➡ 땐드정 사리 레스토랑 ➡ 마시모 ➡ 리스토란테
7일차	사누르 소울 인 어 볼 ➡ 바즈라 산디 기념비 ➡ 뿌뿌딴 바둥 공원 ➡ 마이 와룽 파사르 프팃깅 ➡ 네온 팜스 또는 까유 아야 거리
8일차	출국

Day 1

✈

응우라라이 공항
오후 도착

⬇

🛎

숙소 체크인

🍴 **저녁식사** 룸서비스로 저녁 식사 또는 나이트라이프 즐기기

Day 2

AM 10:00
꾸따 해변(산책)

도보 10분

PM 12:00
비치 워크 쇼핑센터

도보 22분

PM 1:00
🍴 **점심식사**
피시 앤 코

자동차 55분

PM 2:00
빠당빠당 해변
(선탠, 수영)

자동차 8분

PM 4:00
울루와뚜 사원

자동차 7분

PM 6:00
🍴 **저녁식사** 싱글 핀

자동차 1시간 30분

PM 10:00
브이 아이 피
(나이트라이프 즐기기)

AM 9:00

꾸따 해변(서핑 즐기기)

↓ 도보 10분

PM 12:00

🍴 점심식사
컵밥 발리

→ 자동차 1시간

PM 2:00

우붓으로 이동

→ 도보 14분

PM 2:30

캐러멜

→ 도보 5분

PM 4:00

우붓 트래디셔널 마켓
(기념품 등 쇼핑)

↓ 도보 1분

PM 6:00

우붓 왕궁, 사라스와띠
사원(야경 감상)

← 도보 22분

PM 7:00

🍴 저녁식사 타코 카사

← 도보 11분

PM 9:00

카페(맥주 한잔하기)

90

AM 7:30

우붓 요가 센터(아침 수업 수강)

도보 10분

PM 12:00

🍴 점심식사 세이지

PM 2:00

자동차 25분

발리 스윙(그네 타기)

자동차 25분

PM 4:00

네카 아트 뮤지엄

자동차 16분

PM 6:00

🍴 저녁식사 바뚜바라-
아르젠티니안 그릴러리

도보 8분

PM 8:00

호텔 스파(전신 마사지 받기)

체크아웃 후 짱구로 이동

자동차 1시간

짱구 플리마켓

도보
10분

🍴 점심식사 브로 레스토

도보 18분

프리티 포이즌

도보
8분

🍴 저녁식사 데우스 엑스
마키나 짱구

도보
17분

짱구 해변(태닝, 수영)

🍴 아침식사 조식 후 체크아웃

↓ 자동차 50분

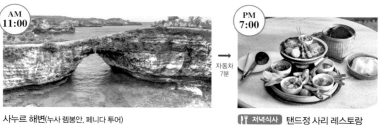

AM 11:00

사누르 해변(누사 렘봉안, 페니다 투어)

→ 자동차 7분

PM 7:00

🍴 저녁식사 탠드정 사리 레스토랑

↓ 도보 1분

PM 8:30

마시모-리스토란테(디저트 즐기기)

Day 7

PM 12:00

🍴 브런치 소울 인 어 볼

↓ 자동차 16분

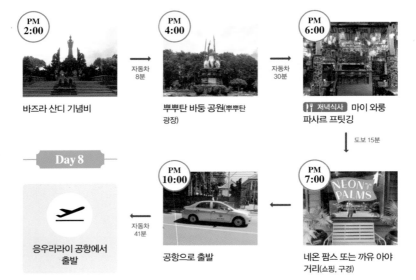

PM 2:00

바즈라 산디 기념비

자동차 8분 →

PM 4:00

뿌뿌탄 바둥 공원(뿌뿌탄 광장)

자동차 30분 →

PM 6:00

🍴 저녁식사 마이 와룽 파사르 프팃깅

↓ 도보 15분

Day 8

PM 10:00

공항으로 출발

자동차 41분 →

응우라라이 공항에서 출발

PM 7:00

네온 팜스 또는 까유 아야 거리(쇼핑, 구경)

94

N O W

지 역 여 행

유럽인들이 사랑하는 발리는
전통과 서양 문화가 공존해 더
매력적인 곳이다. 빼어난 절경
은 물론 낭만과 서핑, 요가 등
특별한 체험이 기다리는 발리
로 지금 떠나자.

꾸따·
르기안

Kuta·Legian

발리를 찾는 여행자들의 필수 지역

공항과 제일 가깝고, 또 가장 번화한 곳인 꾸따와 르기안 지역은 1년 내내 뜨거운 태양과 북적거리는 관광객들로 가득하다. 발리 하면 빼놓을 수 없는 서핑을 어렵지 않게 즐길 수 있는 꾸따 해변이 있기 때문이기도 하다. 다소 정신없는 느낌이지만 관광지만의 활력을 느낄 수 있는 곳이다. 1년 내내 파도타기 좋은 서퍼들의 천국이자 발리를 찾는 사람들이 감탄하는, 8km에 달하는 꾸따 해변은 해 질 무렵이 가장 아름답다. 분홍빛에서 자줏빛 사이의 오묘한 색으로 물든 하늘은 일부러 그리기도 힘든 법한 그러데이션을 보여 준다. 한편 서울의 홍대나 강남과 같이 커다란 쇼핑몰과 가게가 밀집돼 있고, 르기안 거리에는 나이트라이프를 즐길 수 있는 바, 클럽이 모여 있어 볼거리, 즐길 거리로 잠들지 않는 곳이다.

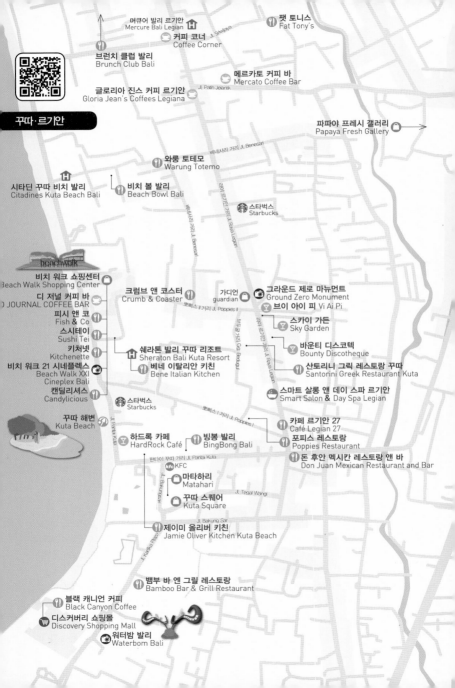

머큐어 발리 르기안
Mercure Bali Legian

커피 코너
Coffee Corner

J. Sriwijaya

팻 토니스
Fat Tony's

브런치 클럽 발리
Brunch Club Bali

메르카토 커피 바
Mercato Coffee Bar

J. Path Jelantik

글로리아 진스 커피 르기안
Gloria Jean's Coffees Legiana

꾸따·르기안

파파야 프레시 갤러리
Papaya Fresh Gallery

베네사리 거리 J. Benesari

와룽 토테모
Warung Totemo

시타딘 꾸따 비치 발리
Citadines Kuta Beach Bali

비치 볼 발리
Beach Bowl Bali

스타벅스
Starbucks

라야 르기안 거리 J. Raya Legian

베네사리 거리 J. Benesari

비치 워크 쇼핑센터
Beach Walk Shopping Center

디 저널 커피 바
D JOURNAL COFFEE BAR

피시 앤 코
Fish & Co

스시테이
Sushi Tei

키처넷
Kitchenette

비치 워크 21 시네플렉스
Beach Walk XXI
Cineplex Bali

캔딜리셔스
Candylicious

크럼브 앤 코스터
Crumb & Coaster

가디언
guardian

그라운드 제로 마뉴먼트
Ground Zero Monument

브이 아이 피 Vi Ai Pi

스카이 가든
Sky Garden

쉐라톤 발리 꾸따 리조트
Sheraton Bali Kuta Resort

베네 이탈리안 키친
Bene Italian Kitchen

바운티 디스코텍
Bounty Discotheque

산토리니 그릭 레스토랑 꾸따
Santorini Greek Restaurant Kuta

뽀삐스 거리 Gg Bedugul

라야 르기안 거리 J. Raya Legian

스마트 살롱 앤 데이 스파 르기안
Smart Salon & Day Spa Legian

스타벅스
Starbucks

J. Pantai Kuta

꾸따 해변
Kuta Beach

뽀삐스 I 거리 J. Poppies I

카페 르기안 27
Café Legian 27

포피스 레스토랑
Poppies Restaurant

하드록 카페
HardRock Café

빙봉 발리
BingBong Bali

돈 후안 멕시칸 레스토랑 앤 바
Don Juan Mexican Restaurant and Bar

빤따이 꾸따 거리 J. Pantai Kuta

KFC

J. Bakungsari

마타하리
Matahari

J. Tegal Wangi

꾸따 스퀘어
Kuta Square

J. Bakung Sari

제이미 올리버 키친
Jamie Oliver Kitchen Kuta Beach

J. Kartika Plaza

뱀부 바 엔 그릴 레스토랑
Bamboo Bar & Grill Restaurant

블랙 캐니언 커피
Black Canyon Coffee

디스커버리 쇼핑몰
Discovery Shopping Mall

워터밤 발리
Waterbom Bali

교통편 교통 체증으로 악명 높은 발리 내에서도 유독 교통 상황이 좋지 않은 곳이다. 특히 판타이 꾸따Pantai Kuta, 라야 르기안Raya Legian, 뽀삐스Poppies 메인 거리는 거의 늘 막힌다고 생각하는 것이 편하다. 꾸따와 르기안 지역이 거리상으로 멀지 않아 꾸따 내에서는 도보나 오토바이를 타는 것을 추천한다.

동선팁 꾸따·르기안 일대는 규모가 크지 않아 이틀 정도면 충분히 돌아볼 수 있다. 이곳은 관광 명소보다는 서핑과 같은 액티비티와 도심의 분위기를 느낄 수 있는 지역으로, 꾸따 내를 한 바퀴 돌아보는 도보 여행을 추천한다. 또한 공항과 가장 가까워 출입국 전후로 꾸따에 숙소를 잡으면 편리하다.

Best Course

시내 중심 코스

꾸따 해변(서핑)
⊕
도보 7분

비치 볼 발리(식사)
⊕
도보 10분

비치 워크 쇼핑센터
⊕
도보 7분

스마트 살롱 앤 데이 스파 르기안
⊕
도보 10분

크럼브 앤 코스터
⊕
도보 7분

꾸따 해변(일몰 감상)
⊕
도보 8분

돈 후안 레스토랑(저녁 식사)
⊕
도보 8분

그라운드 제로 마뉴먼트
⊕
도보 3분

스카이 가든(나이트라이프)

울루와뚜 포함 코스

와룽 토테모(점심 식사)
⊕
자동차 52분

빠당빠당 해변(휴식)
⊕
자동차 10분

울루와뚜 사원 및 께짝 댄스 감상

⊕
자동차 6분

싱글 핀(저녁 식사)
⊕
자동차 30분

가네샤 카페(시푸드 즐기기)

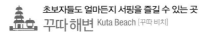

꾸따 해변 Kuta Beach [꾸따 비치]

초보자들도 얼마든지 서핑을 즐길 수 있는 곳

주소 Pantai Kuta, Kabupaten Badung, Bali 위치 응우라라이 공항에서 차로 약 15분

꾸따 해변은 리조트 앞을 따라 8km에 걸쳐 길게 펼쳐져 있어서 발리 바다 중 가장 개방적이고 사람이 많은 곳이다. 동남아 여행 책자에 나오는 그림 같은 에메랄드빛 바다의 모습을 상상했다면 다소 실망할 수 있지만, 1년 내내 서핑, 수영, 태닝을 즐기는 여행객들이 모여 들어 세계 어디에서도 볼 수 없는 활기를 느낄 수 있다. 특히 꾸따 해변은 파도가 좋아 서핑 명소로 유명하다. 초보자들이 서핑을 배우기에 최적의 장소다 보니 세계 각지에서 서핑을 배우기 위해 찾아오는 곳이기도 하다. 선셋 포인트로도 인기가 많아서 해 질 무렵이 되면 현지인, 여행객 할 것 없이 꾸따 해변으로 모여 사라지는 해를 바라보며 여유를 즐기기도 한다. 아무런 준비 없이 여행을 갔더라도 서핑 숍에 모든 장비와 옷이 구비돼 있어 서핑을 즐길 수 있으니 너무 걱정하지 말자. 또한 서핑은 물을 무서워하는 사람도 즐길 수 있는 액티비티라는 것을 잊지 말자.

> **Tip.** 서퍼들이 발리를 찾는 이유
>
> 왜 발리가 서핑하기 좋을까? 1년 내내 서퍼들이 인정하는, 파도에서 놀기 좋은 황금 파도가 밀려든다. 이 재미에 발리에 처음 와서 장기 여행을 하게 되거나 돌아가서도 꾸준히 찾는 여행객들이 많다. 국내 연예인 중에서는 가수 가희가 하와이에서 서핑을 배운 후, 서핑에 입문해 오로지 파도를 타기 위해서 2~3주 간격으로 발리를 찾았다고 한다. 또한 서핑이 인기 스포츠인 곳이니 만큼 록시, 빌라봉 등 수상 스포츠 전문 브랜드를 저렴하게 만날 수 있다. 최근 국내에서도 서핑이 주목받고 있지만 장비, 장소, 강습료에 따른 부담이 만만치 않다. 발리에서는 국내의 1/3 가격으로 서핑을 배울 수 있다.

> **Tip.** 서핑의 매력 포인트
>
> 수영을 못해도 배울 수 있다 서핑은 물속에서 하는 스포츠가 아니라 물 위에서 서핑 보드를 타는 스포츠다. 게다가 초보자들은 발이 닿는 허리 정도의 수심에서 시작하므로 수영을 못해도 배울 수 있다.
>
> 운동 효과 서핑은 운동량이 많아 유산소 운동만큼 칼로리 소모가 크다.
>
> 매번 다른 파도를 타는 매력 그 어떤 동력도 이용하지 않고 오로지 파도의 힘만을 이용해 운동하는 점은 다른 스포츠에서 찾기 어려운 매력이다. 보통 초보자들은 길이가 9피트(1피트는 약 30cm) 이상이어서 부력이 좋은 롱 보드를 타게 된다. 발리에 수많은 서핑 숍이 있지만 그중 초보자를 대상으로 꼼꼼히 강습해주는 곳을 추천한다.
>
> • **바루서프** www.barusurf.com / 6:00~19:00 / 그룹 강습 USD 40(최대 4인), 1:1 강습 USD 60
> • **Mybali Mysurf** www.instagram.com/mybalimysurf / 1:1 강습 USD 20 / 카카오톡 ID: mybalimaysurf
> • **Odyssay Surf School** www.odysseysurfschool.com / 그룹 강습 USD 35(최대 4인), 1:1 강습 USD 60
> • **UP2U Surf School Bali** www.up2usurfschool.com / 그룹 강습 50k, 1:1 강습 50k
>
> 다음은 서퍼들이 참고하면 좋은 서핑 관련 추천 사이트다.
>
> • **MSW** magicseaweed.com 웹 및 PP에서 발리 바다의 파도 차트를 확인할 수 있다.
> • **Wind finder** windfinder.com 앱 및 웹에서 날씨와 바람의 상태를 확인할 수 있다.
> • **발리밸리** balibelly.com 짱구, 울루와뚜 등 각 해변의 파도 상태를 웹캠 및 뉴스로 확인할 수 있다.

발리의 록 스피릿을 느낄 수 있는 곳
하드록 카페 HardRock Café

주소 jalan Pantai Kuta, Banjar Pande Mas, Kuta, Kabupaten Badung, Bali, Bali 80361, Indonesia 위치 꾸따 해변에서 판타이 꾸따(Jl. Pantai Kuta) 거리 따라 마타라미 방면으로 도보 6분 시간 12:00~다음 날 1:00(금, 토는 2:00까지) 가격 120k(치킨윙), 108k(마가리타), 119k(스테이크 치즈 버거) 홈페이지 www.hardrock.com/cafes/bali/ 전화 +62 361-755-661

로큰롤을 주제로 한 유쾌한 분위기의 레스토랑 체인으로, 1971년 미국에서 문을 연 후 전 세계에 120개 이상의 점포를 가지고 있다. 발리에는 1993년에 들어왔으며, 총 2층으로 구성돼 최대 500명 이상을 수용할 수 있는 큰 규모다. 오후 11시부터는 라이브 밴드의 음악을 즐길 수 있으며, 클럽의 경우 입장료는 따로 없지만 주문이 필수다. 레스토랑 내부에는 세계적으로 유명한 예술가가 실제로 사용하던 악기와 사인, 독특한 조명과 벽면을 가득 채운 록 음악가들의 사진과 의상이 어우러져 장식돼 있다.

백화점이라기보다는 잡화점
마타하리 Matahari

주소 Jalan Raya Kuta No.5, Kuta, Kabupaten Badung, Bali 80361, Indonesia **위치** 꾸따 해변에서 하드록 카페 방면으로 판타이 꾸따(Jl. Pantai Kuta) 거리 따라 직진 후 KFC 옆 골목(Jl. Bakungsari)을 따라 도보 1분 **시간** 9:30~22:00 **홈페이지** www.matahari.co.id/en **전화** +62 361-757-588

인도네시아의 현지 브랜드 백화점으로 비치워크 쇼핑센터보다는 규모가 작은 잡화점의 느낌이다. 총 3층으로 구성돼 있으며, 신발, 옷, 방수 팩 등과 같은 일상적인 상품과 기념품이 많아 더운 날 실내에서 시원하게 구경하기 좋은 곳이다. 발리에서는 잦은 수상 레저 활동으로 인해 신발 끈이 끊어질 때가 있는데 2층에 신발을 파는 곳이 많아서 구입하기 좋다. 가전제품은 거의 판매하지 않지만 기념품을 살 곳이 많아 가벼운 선물을 살 수 있다. 정찰제인 만큼 흥정으로 머리 아플 일은 없어 편하다. 다만, 상품 구매 후 환불이 되지 않고, 동일 금액 내의 다른 상품으로 교환해야 하는 규정이 있으니 상품 구매 시 신중하자.

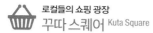

로컬들의 쇼핑 광장
꾸따 스퀘어 Kuta Square

주소 Jalan Tegal Wangi No.27D, Kuta, Kabupaten Badung, Bali 80361, Indonesia 위치 마타하리 바로
옆 시간 10:00~23:00

발리의 랜드마크 중 하나인 꾸따 스퀘어는 발리
시내에서 많은 가게가 밀집돼 있고 접근성이 좋
으며 구경거리가 많다. 특히 서핑 브랜드를 구입
하기 좋고 낯에 익은 커피빈, 베스킨 라빈스도 있
다. 바로 중심부에는 마타하리 백화점이 있으며,
발리 전통 예술품, 기념품을 합리적인 가격에 구
매할 수 있다. 대형 쇼핑몰이라기보다는 나이키,
아디다스, 퀵실버Quicksilver, 록시Roxy, 오클리
Oakley와 같은 작은 가게들이 모여 있는 곳이다.
바다와 가깝이 위치해 있으며, 주차는 마타하리
백화점 내부나 바다 근처에 할 수 있다. 산책이나

구경 중 배가 고플 때는 맥도날드, KFC, 요시나라 등에서 간단하게 요기할 수 있다. 코너에 ATM기가 있어
이용 가능하나 가끔 교통 체증으로 혼잡하다.

발리의 더위를 이겨 낼 시원하고 달콤한 젤라토
빙봉 발리 BingBong Bali

주소 Jl. Pantai Kuta No.47, Kuta, Kec. Kuta, Kabupaten Badung, Bali 80361,
Indonesia 위치 꾸따해변에서 Jl. Bakungsari 방면 남동쪽으로 약 200m 직진(도보 약 3
분) 시간 14:00~22:00 가격 38k(1가지 맛), 48k(2가지 맛), 75k(몬스터 밀크세이크) 홈페이지
https://www.instagram.com/bingbongbali/ 전화 +62 811-3891-920

어쩐지 유치하면서도 동화 속 세계로 들어온 듯한
화려한 외관이 시선을 잡아끄는 곳이다. "행복함이
시작되는 곳"이라는 카페의 미션처럼 모든 직원들
이 친절해서 더 기억에 남는다. 꾸따 해변과 굉장히
가깝이 위치해 있어서 걸어가는 길에 시원한 아이
스크림을 사가기 딱 좋은 곳이다. 젤라토, 쿠키, 스
무디 그리고 솜사탕과 같은 달콤한 디저트류를 판
매한다. 메인은 젤라토 아이스크림으로 패션 프루
트, 용과, 망고와 같은 상큼한 열대 과일류부터 피

스타치오, 오레오, 치즈 케이크와 같은 꾸덕함까지 다양한 맛을 고를 수 있다. 빙봉만의 특징은 발리 로컬에
서 영향을 받은 낀따마니커피 맛이나 발리산 자몽을 토핑으로 얹은 블러디 바닐라와 같은 독특한 맛을 고를
수도 있다는 것이다. 내부 공간은 다소 협소한 편이라 주로 테이크아웃을 해서 먹는다. 벽면 한 편에는 레트
로한 네온사인이 있어서 인스타그래머블한 장소로 유명하기도 하다.

발리의 감성을 느낄 수 있는 곳
카페 르기안 27 Café Legian 27

주소 Jl. Raya Legian No.27, Kuta, Kabupaten Badung, Bali 80361, Indonesia **위치** 꾸따 해변에서 뽀삐스I(Jl. Popies I) 거리 따라 직진 후 라야 르기안 (Jl. Raya Legian) 거리에서 좌회전해 도보 1분 **시간** 8:00~18:00 **가격** 40k(발리 아이스커피 스무디), 30k(아메리카노) **홈페이지** cafelegian27.business.site/ **전화** +62 877-6182-4687

카페 르기안 27은 여행 앱에서 커피 분야 상위권에 있지만 커피보다는 음식이 더 맛있다. 에스프레소, 바나나, 아몬드, 우유가 들어간 발리 아이스커피 스무디는 다른 곳에서 맛볼 수 없는 독특하고 시원한 음료다. 바나나의 달짝지근함과 에스프레소의 쌉싸름한 맛이 잘 어우러진다. 에어컨은 없지만 선풍기가 있고 바람이 통하는 구조라 더운 편은 아니다. 인기 메뉴는 팬케이크, 뮤즐리, 과일이 포함된 아침 식사와 든든한 스테이크 버거. 장기 여행자거나 아침이 포함되지 않은 숙소에 묵는 여행자라면 이곳에서 아침 식사를 하는 것도 추천한다.

가성비가 최고인 시원한 발 마사지 숍
스마트 살롱 앤 데이 스파 르기안 Smart Salon & Day Spa Legian

주소 Jl. Raya Legian No.41, Legian, Kuta, Kabupaten Badung, Bali, Indonesia **위치** 카페 르기안 27을 등지고 좌회전 후 라야 르기안(Jl. Raya Legian) 거리 따라 도보 1분 **시간** 9:00~22:00 **가격** 55k(발 마사지 30분), 75k(발 마사지 1시간), 75k(머리 & 두피 마사지 30분) **홈페이지** smartspa-bali.com **전화** +62 822-3741-3070

스카이 가든, 바운티 디스코텍이 나란히 위치한 르기안 거리에 있는 마사지 숍으로 접근성이 좋다. 고급스러운 스파는 아니지만 저렴한 가격에 시원한 마사지를 받을 수 있어서 이미 한국 여행객들에게 유명하다. 스마트 스파는 르기안 지점을 포함해 꾸따 내에 총 3곳이 있는데 비교적 최근에 지어진 르기안 지점을 추천한다. 깨끗하게 유지되는 개별 자리와 새하얀 커튼이 마음을 편하게 해 준다. 마사지사들도 프로페셔널한 태도로 꼼꼼히 뭉친 근육을 풀어 준다. 비싼 스파에 뒤지지 않고 청결하게 유지되는 실내도 만족도를 올려 준다. 들어서는 순간 에어컨의 찬 공기, 시원한 물, 깨끗한 수건을 제공해 발리의 뜨거운 햇빛을 피해 쉬어 가기 좋은 곳이다. 전신 마사지를 받기보다는 발 마사지와 머리 마사지 같은 짧은 마사지를 받기에 좋다.

 매일 먹어도 질리지 않는 중독성 있는 멕시칸 음식
돈 후안 멕시칸 레스토랑 앤 바 Don Juan Mexican Restaurant and Bar

주소 Jl. Pantai Kuta No.3, Kuta, Kec. Kuta, Kabupaten Badung, Bali 80361 인도네시아 위치 그랜드 인나 쿠따 호텔에서 Jl. Pantai Kuta길 방면으로 약 550m 직진 (도보 8분) 시간 8:00~22:00 가격 25k(치킨 타코), 115k(엔칠라다) 홈페이지 http://www.donjuan.id/ 전화 +62 361-475-6117

꾸따에서 멕시칸 요리가 먹고 싶다면 이곳으로 가야한다. 르기안 거리 코너에 위치한 작은 레스토랑이지만 타코, 엔칠라다, 우에보스 란체로 등 다양한 종류의 멕시칸 음식을 제공한다. 프리다칼로 그림과 노란색, 초록색 등 알록달록한 배색 조합으로 꾸민 매장 내부는 이국적인 분위기를 자아낸다. 대표메뉴 프라이드 치킨 타코는 고소한 옥수수 또르띠야 위로 향신료로 마리네이드한 치킨, 신선한 야채가 얹어 나온다. 감칠맛이 살아있는 치킨과 토마토와 야채가 또르띠야를 감싸주며 풍성한 맛과 식감을 경험할 수 있다.

한입 베어물면 늘어나는 치즈와 살짝 매콤한 칠리소스와 사워크림이 뿌려진 엔칠라다도 별미다. 물론 타코, 브리또, 엔칠라다 등의 메뉴는 고기의 종류나 비건 옵션을 선택할 수 있다. 매주 화요일과 목요일은 스페셜 프로모션이 있어 타코와 맥주를 저렴하게 즐길 수 있다. 타코는 15k에, 빈땅 맥주는 20k에 오후 6시전까지 즐길 수 있으니 이른 저녁으로 멕시칸이 좋은 선택이 될 것이다.

댄스 흥을 깨워 주는 곳
바운티 디스코텍 Bounty Discotheque

주소 Jl. Raya Legian, Kuta, Kabupaten Badung, Bali 80361, Indonesia 위치 카페 르기안 27을 등지고 좌회전 후 라야 르기안(Jl. Raya Legian)거리 따라 도보 4분 시간 22:00~다음 날 3:00 가격 75k(바운티 칵테일), 35k(맥주) 전화 +62 823-9704-1938

바운티는 배 모양의 나이트클럽으로 총 2개의 층으로 이루어져 있다. 마음 놓고 춤을 추기 위한 댄스 스테이지와 번쩍거리는 조명이 흥을 돋운다. 그럭저럭 나쁘지 않은 디스코텍이지만 옆에 있는 스카이 가든의 인기에 밀려 손님이 적기 때문에 춤을 추기 멋쩍을 수도 있다. 해피 아워가 있으니 음식은 그 시간에 맞춰 주문하는 것이 좋다. 외국인은 무료 입장이나 현지인은 입장료를 지불해야 한다. 스카이 가든에 가기 전에 가볍게 몸을 풀기 좋다.

꾸따의 밤을 여는 라이브 바
브이 아이 피 Vi Ai Pi

주소 Jl. Raya Legian No.88, Kuta, Kabupaten Badung, Bali 80361, Indonesia 위치 뽀삐스 II(Jl. Poppies II) 거리와 라야 르기안(Jl. Raya Legian) 거리가 교차하는 지점, 스카이 가든 맞은편 시간 10:00~다음 날 4:00 가격 40k(빈땅맥주), 75k(롱아일랜드) 홈페이지 www.viaipibali.com 전화 +62 361-752-355

클럽과 바가 줄줄이 있는 르기안 거리의 시작점이 되는 곳이다. 매일 다른 콘셉트로 라이브 공연이 펼쳐지며, 연령대는 다소 높은 편이지만 라이브 뮤직과 전망이 좋은 클럽이다. 식사 메뉴도 있지만 음식의 양이 적은 편이라 배를 든든히 채우고 갈 것을 추천한다. 본격적으로 흥을 풀기보다는 다른 곳에 가기 전에 가볍게 맥주 한잔하기 좋은 곳이다. 그 후에 줄줄이 있는 스카이 가든, 바운티, 혹은 스미냑으로 넘어가는 것을 추천한다.

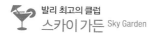
발리 최고의 클럽
스카이 가든 Sky Garden

주소 Jl. Raya Legian No.61, Kuta, Kabupaten Badung, Bali 80361, Indonesia 위치 뽀삐스 II(Jl. Poppies II) 거리와 라야 르기안(Jl. Raya Legian) 거리가 교차하는 지점 시간 17:00~다음 날 4:00 가격 99k(저녁 뷔페), 20k(맥주), 60k(모히토) 홈페이지 skygardenbali.com 전화 +62 361-755-423

꾸따 여행객 중 유흥을 즐기지 않는 사람이라도 스카이 가든은 한 번쯤 들어 봤을 것이다. 인도네시아 내에서도 인기 1위를 차지할 만큼 유명한 클럽으로 꾸따의 나이트라이프를 대변한다. 오후 5시부터 9시까지 99k로 다양한 음식과 음료를 먹을 수 있는 뷔페가 운영되는 것도 스카이 가든의 장점이다. 뷔페는 스테이크, 해산물, 중식, 그리스 요리 등과 같은 테마로 매일 다르게 제공된다.

스카이 가든은 총 4층으로 구성돼 있으며, 각 층마다 댄스, 알 앤 비, 힙합 등 다른 장르의 음악이 나온다. 그러나 음악의 종류는 주로 EDM이다. 루프톱에서는 라이브 밴드와 DJ의 공연을 즐길 수 있으며, 눈치 볼 일 없이 신나게 춤을 출 수 있다. 밤새 춤을 춘 뒤, 허기진다면 나가기 전에 아래층에서 피자나 케밥을 먹을 수 있으니 부족한 열량을 보충하자. 다만 스카이 가든이 위치한 골목은 소매치기가 많아 경계를 풀어서는 안 된다. 오토바이 행렬이나 4~5명의 사람이 갑작스레 다가와 여러 질문을 던진다면 소매치기일 수도 있으니 휴대 전화, 지갑 등을 조심하자. 그러나 여전히 혼자 온 여행객이라도 세계 각국에서 온 유쾌한 여행자들을 만날 수 있는 곳이다.

발리 폭탄 테러 추모비
그라운드 제로 마뉴먼트 Ground Zero Monument

주소 Jl. Raya Legian No.66, Kuta, Kabupaten Badung, Bali 80361, Indonesia 위치 뽀삐스 II(Jl. Poppies II) 거리와 라야 르기안(Jl. Raya Legian) 거리가 교차하는 지점, 가디언(Guardian) 맞은편 시간 24시간

2002년 발생한 사리 클럽 폭탄 테러로 사망한 희생자들을 기리는 기념비로, 르기안 나이트라이프 센터에 있다. 스카이 가든, 브이 아이 피와 같은 유명한 클럽으로 가는 길에 있어 비극적인 사건을 잊지 않고 고인이 된 희생자에게 묵념을 하고 가는 여행객들이 많다. 또한 1년마다 모든 희생자를 기리는 추모 행사도 열린다. 사고가 발생한 지 10년이 훌쩍 지금도 발리에서는 규모가 있는 쇼핑센터, 비치 클럽, 리조트에 입장할 때 모든 차량과 사람을 금속 탐지하고, 가방을 소지한 경우 검사를 한다. 비극적인 사건이 되풀이 되지 않도록 주의를 기울이는 것이니 조금 번거롭더라도 적극적으로 응해 주는 자세를 갖자.

신선하고 건강한 그리스 요리 맛집
산토리니 그릭 레스토랑 꾸따 Santorini Greek Restaurant Kuta

주소 Jalan Poppies 1 &, Gg. Sorga, Kuta, Badung Regency, Bali 80361, Indonesia 위치 꾸따 해변에서 포피스 거리(Jl.Popies I) 남쪽 방면으로 약 800m 직진 시간 10:00~23:00 가격 115k(믹스 그릴 플레이트), 65k(무사카) 홈페이지 http://www.donjuan.id/ 전화 +62 812-3774-8909

인도네시아 현지 음식이 잘 안맞는다면 신선하고 건강한 그리스 요리를 추천한다. 가게 이름처럼 하얀색과 코발트색 인테리어가 마치 산토리니 골목에 있는 작은 식당을 연상시킨다. 주인과 매니저 모두 그리스 출신으로 그리스 요리에 대한 사랑이 가득하다. 메뉴가 고민된다면 토마토, 오이, 올리브, 페타치즈가 들어간 신선한 그릭 샐러드와 꼬치에 끼워 노릇노릇하게 구워진 닭고기, 돼지고기가 함께 나오는 믹스 그릴 플레이트를 추천한다. 적당한 허브와 올리브유가 고소함을 배로 만들어 준다. 믹스 그릴에는 바삭한 감자튀김과 그리스 요리에 빠질 수 없는 상큼한 차지키 소스가 함께 나온다. 차지키소스는 그리스 식탁에 늘 올라오는 소스로 요거트, 마늘, 식초, 민트 등을 넣어 만든 요리로 수블라키나 기로스에 주로 곁들여 먹는다. 마치 쌈밥처럼 피타브레드에 잘

구워진 고기와 샐러드, 차지키 소스를 듬뿍 올려 먹으면 건강하면서도 든든한 맛이 좋다. 또 하나 이곳의 특별한 메뉴는 그리스식 찹쌀도넛인 '루쿠마데스'다. 고소한 도넛위에 달콤한 꿀과 시나몬 가루가 섭섭하지 않게 뿌려져 있다. 취향에 맞춰 꿀대신 누텔라를 고를 수도 있다. 식사 후에는 요구르트를 제공해 준다.

워터밤 근처의 캐주얼한 레스토랑
뱀부 바 앤 그릴 레스토랑 Bamboo Bar & Grill Restaurant

주소 Jl. Kartika Plaza, Kuta, Kec. Kuta, Kabupaten Badung, Bali 80361, Indonesia 위치 워터밤 바로 옆 (도보 약 1분) 시간 10:00~23:30 가격 65k(나시고랭), 175k(폭립) 홈페이지 bamboorestaurantbali.com 전화 +62 361-758128

워터파크인 워터밤 바로 옆에 위치한 레스토랑이다. 디스커버리 몰 맞은편이기도 해서 쇼핑 후 들리기에도 동선이 좋다. 8개의 플랫 스크린 티비가 있어서 UFC, AFL과 같은 스포츠를 보면서 시끌벅적하게 맥주를 즐길 수 있다. 가격은 현지 식당 대비 조금 있는 편이지만 꽤 큰 규모의 식당이라 쾌적하게 이용할 수 있다. 인기 메뉴는 파스타, 나시고랭, 폭립 등 큰 호불호가 없는 메뉴다. 발리니스 직원들이 늘 미소로 맞이해 줘서 큰 기대 없이 들어가서 기분 좋게 식사를 할 수 있었다. 낮과 밤의 분위기가 다른데 저녁에 가면 수준급 밴드의 라이브 공연과 함께 식사를 즐길 수 있어서 더욱 좋다.

 지금 꾸따에서 가장 핫한 카페
크럼브 앤 코스터 Crumb & Coaster

주소 Jl. Benesari No.2, Kuta, Kabupaten Badung, Bali 80361 Indonesia 위치 스카이 가든에서 맞은편 뽀삐스II(Jl. Poppies II) 거리 따라 직진 후 베네사리(Jl. Benesari) 거리로 우회전해 도보 1분 시간 7:30~22:00 가격 110k(와규 클래식 비프 버거), 95k(비비큐 노티 풀 포크 버거), 60k(에그 베네딕트), 65k(아보카도 매시), 30k(아메리카노) 홈페이지 www.facebook.com/crumbandcoaster 전화 +62 819-9959-6319

크럼브 앤 코스터야말로 지금 꾸따에서 가장 핫한 곳이다. 우리나라의 연남동, 이태원의 세련된 카페를 떠올리게 하는 곳으로, 발리 물가 대비 조금 비싼 편이지만 분위기 좋은 카페를 찾는다면 절대 실망하지 않을 것이다. 감각적인 인테리어와 플레이팅이 예쁜 식사류는 여행 중 기념사진 찍기에 제격이다. 셀카를 찍어도 다 잘 나오기 때문에 특히 여성들이 좋아하는 장소다. 인기 메뉴는 크럼브 특제 와규 비프 버거와 에그 베네딕트. 에그 베네딕트는 아침 메뉴로 오전 7시에서 오후 3시까지만 주문 가능한 점을 참고하자. 브런치류와 어울리는 커피도 맛있다. 호박으로 만든 주키니 오믈렛과 같은 비건 메뉴가 많기 때문에 선택의 폭이 넓은 것도 장점이다. 채광이 잘되는 예쁜 카페지만 낮과 밤의 분위기가 완전 다르다. 저녁에 간다면 패션 모히토(95k)를 즐기는 것도 추천한다.

 발리의 새로운 랜드마크
비치 워크 쇼핑센터 Beach Walk Shopping Center

주소 Jalan Pantai Kuta, Kuta, Kabupaten Badung, Bali 80361, Indonesia **위치** 꾸따 해변 바로 맞은편에서 도보 1분 **시간** 11:00~22:00 **홈페이지** beachwalkbali.com **전화** +62 361-846-4888

2012년에 오픈한 발리의 새로운 랜드마크로 쉐라톤 꾸따 호텔과 연결돼 있다. 지하 1층의 마트와 드러그 스토어, 환전소를 시작으로 1층에는 자라, 탑샵, H&M 등 글로벌 패션 브랜드를 비롯해 배스 앤 보디 웍스 Bath & Body Works, 코치 Coach, 마이클 코어스 Michael Kors 등 여러 브랜드가 입점해 있고 2층은 영화관, 스타벅스 등 해외 브랜드, 3층은 푸드 코트가 있는 종합 쇼핑센터다. 서울에 있는 여타 백화점처럼 세련되고 깨끗한 분위기로 다양한 브랜드가 있지만 가격이 한국 대비 저렴한 편은 아니라는 것을 기억하자. 더위를 피해 쇼핑과 휴식을 취하기 좋으며 최근 지하에 텔콤셀 Telkomsel 통신사의 간이 매장이 들어와 있어 유심 구매도 가능하다.

디저널 커피바 D Journal Coffee Bar

비치 워크 쇼핑센터 2층에 위치한 커피 전문점으로, 쉬어 갈 수 있는 오아시스 같은 곳이다. 실내외 좌석이 있어 원하는 곳에 앉을 수 있다. 날이 좋다면 꾸따 해변이 보이는 테라스석에 앉는 것을 추천한다. 꾸따 해변에서 일광욕을 한 후 또는 비치 워크 쇼핑센터에서 쇼핑을 한 후 휴식을 취하기에도 좋다. 발리에서 카페라테를 마실 때 물을 탄 듯한 느낌이 나는 카페가 종종 있지만 이곳에서는 고소한 우유 맛이 나는 커피를 즐길 수 있다. 시그니처 메뉴는 커피 수수 바타비아Batavia이며, 그 외에 콜드브루와 캐러멜 라테도 인기 메뉴다. 파란 동그라미가 귀여운 로고의 텀블러, 원두, 에코백과 같은 자체 제작 굿즈도 다양하니 기념품으로 사기 좋다.

위치 비치 워크 쇼핑센터 2층 시간 11:00~20:00(토, 일은 12:00~21:00) 가격 56k(아이스솔티드캐러멜), 38k(핸드드립 브루잉커피) 홈페이지 www.facebook.com/pages/Djournal-Coffee-bar/966784820144376

피시앤코 Fish & Co

'Seafood in Apan'을 모토로 싱가포르에서 시작해 인도네시아, 필리핀 등 총 8개국에 지점을 낸 해산물 레스토랑 브랜드다. 인도네시아에는 비치 워크 쇼핑센터점을 포함해 총 6개 지점이 있다. 쇼핑센터 1층에 있어 쇼핑 전후로 허기진 배를 달래기 좋다. 지중해 연안의 어부가 낚시로 갓 잡은 신선한 생선을 팬에 요리해 먹는 것에서 영감을 받아 만들어진 브랜드로, 독특한 콘셉트에 맞춰 모든 메뉴가 철판 프라이팬 위에 담겨져 나온다. 엄청난 맛은 아니지만 대중적인 맛과 쾌적한 인테리어로 꾸따에서 편하게 갈 수 있는 곳 중 하나다. 또한 키즈 메뉴가 있는 패밀리레스토랑으로 가족 단위 여행객이 찾기 좋다. 추천 메뉴는 노릇노릇하게 구운 새우, 홍합, 오징어구이, 감자튀김, 흰 살 생선, 해산물 파에야가 갈릭레몬 버터소스와 함께 서빙되는 시푸드 플래터Seafood Platter다. 부족한 것 같다면 소프트 쉘 크랩Soft Shell Crap을 토핑 메뉴로 추가하는 것을 추천한다.

위치 비치 워크 쇼핑센터 1층 자니로켓 맞은편 시간 11:00~22:00 가격 399k(해산물 플래터 2인), 99k(피시앤칩스) 홈페이지 www.fish-co.com 전화 +62 361-846-4901

🍴 키처넷 Kitchenette

'간이 부엌'이라는 뜻의 키처넷은 비치 워크 쇼핑센터 1층에 위치한 맛집이다. 쉐라톤 호텔과 도보 1분 거리로, 비치 워크 쇼핑센터에 있기 때문에 꾸따 해변에서 물놀이를 하기 전이나 하고 나서 가기 좋다. 깔끔하고 괜찮은 식사를 할 수 있으나 가격은 한국과 비슷한 편이다. 야외 자리와 실내 자리가 있으며, 실내 자리는 시원하고 쾌적하다. 큰 스크린 TV가 있어 저녁에는 시원한 맥주와 스포츠 경기를 감상할 수 있다. 스무디 볼에 질렸다면 파파야와 같은 신선한 제철 과일과 요구르트, 그래놀라, 라즈베리 젤리가 함께 나오는 종합 세트 요구르트 볼을 시도해 보자. 치킨 샌드위치와 버팔로 윙도 인기 메뉴다. 음료 중에서는 시원한 용과 스무디와 모히토를 많이 먹는다.

위치 비치 워크 쇼핑센터 1층 스타벅스 옆   시간 11:00~20:00(토, 일 12:00~21:00) 가격 86k(치킨 샌드위치), 105k(나시고렝), 35k(롱블랙) 홈페이지 www.facebook.com/K1TCHENETTE/ 전화 +62 361-846-4937

🍴 스시 테이 Sushi Tei

2012년에 문을 연 비치 워크 쇼핑센터 2층에 있는, 현지인들도 좋아하는 회전 초밥집이다. 저렴한 가격에 신선하고 맛있는 스시를 먹을 수 있다. 스시뿐만 아니라 다양한 종류의 일본 요리를 맛볼 수 있는데, 요리별로 일정 시간이 필요한 종류들이 있으니 주문한 식사가 나오기 전에 회전 초밥을 먹어 보는 것도 추천한다. 또한 한국처럼 테이블 벨이 있어서 종업원들과 쉽게 소통할 수 있다. 인기 메뉴는 연어 명란 카나페Salmon Mentai Canapé,

스파이시 누들Spicy Noodle이다. 특히 스파이시 누들은 매운 우동 같은 맛으로 매콤한 국물을 맛볼 수 있다. 흔히 생각하는 편안한 일식당 분위기며 가족, 친구 혹은 혼자 밥을 먹기에도 편하다. 일행 중 생일인 사람이 있다면, 스시 메뉴를 스시 위에 초를 올린 스시 케이크로 받을 수 있다. 전 직원이 생일 노래를 함께 불러주므로 더욱 신나는 분위기에서 식사할 수 있다. 뛰어난 맛집까지는 아니나 대체로 무난하며, 스시나 따뜻한 국이 그리울 때 찾기 좋다.

위치 비치 워크 쇼핑센터 2층 라코스테 매장 옆 시간 11:00~21:30 가격 69k(스파이시 누들), 58k(초밥 5피스), 80k(소고기 나베) 홈페이지 ko-kr.facebook.com/sushiteibali/ 전화 +62 361-846-4972

비치 워크 21 시네플렉스 Beach Walk XXI Cineplex Bali

발리에서 진정한 현지인처럼 살아 보고 싶다면 든든한 저녁 식사 후 심야 영화를 보는 것은 어떨까? 시네 21 XXI Cineplex은 인도네시아에서 가장 큰 영화관 브랜드 체인으로, 메가박스와 비슷한 프랜차이즈 영화관이다. 그룹사에서 운영하는 만큼 상영관 및 부대시설이 청결하게 유지되고 있다. 관광지에서 영화관을 찾을 일은 없지만 발리에서 보는 최신 영화라면 색다른 경험이 될 것이다. 시설은 한국과 비슷하나 한국 대비 굉장히 저렴하다. 상영관 내부도 한국과 비슷한 수준이며 에어컨이 시원하고 화장실도 깨끗하다. 하루에 평균 4번 정도 영화를 상영하며, 상영 영화는 주로 할리우드 영화다. 상영 시간표는 홈페이지에서 확인 가능하다. 영화는 원어로 관람할 수 있으며 인도네시아어 자막이 제공된다. 현지인뿐만 아니라 장기 거주하는 관광객들이 즐겨 찾는다. 프리미엄관에서 관람하면 합리적인 가격에 다리를 쭉 뻗고 볼 수 있는 리클라이너 좌석, 쿠션과 담요가 제공되고 자리에서 스낵도 주문할 수 있다.

위치 비치 워크 쇼핑센터 2층 가격 75k(일반관), 200k(프리미엄관) 홈페이지 www.21cineplex.com 전화 +62 361-846-5621

🧺 캔딜리셔스 Candylicious

2010년 싱가포르에 처음으로 세워진 브랜드로 프리미엄 초콜릿, 사탕 브랜드들을 알차게 긁어모은 곳이다. 허시, 리세스, 엠 앤 엠즈, 기라델리, 젤리 벨리 등 초콜릿 애호가들은 눈 돌아가는 브랜드가 다 모여서 '저 좀 데려가세요' 하는 곳이다. 입구부터 주렁주렁 달린 사탕 장식과 엠 앤 엠즈의 캔디 인형 덕분에 기념사진을 찍는 사람들로 활기가 넘친다. 귀여운 허시 인형을 보고 있으면 환상과 기쁨의 나라로 초대된 것만 같다. 초콜릿뿐만 아니라 귀여운 머그, 인형, 티셔츠를 구경하는 재미도 쏠쏠하다. 총 5,000개가 넘는 사탕과 초콜릿을 판매하며, 매장 내부에서는 젤라토와 와플도 판매한다. 어린이뿐만 아니라 어른들도 행복해지는 곳이다. 물론 가격은 사악하지만 여행 와서 한 번쯤 이런 재미를 갖는 것도 나쁘지 않다.

위치 비치워크 쇼핑센터 1층 로비 정면 시간 10:00~22:00 홈페이지 www. candyliciousshop.com 전화 +62 361-846-5004

하드락 호텔 근처, 가족들과 가기 좋은 레스토랑
제이미 올리버 키친 Jamie Oliver Kitchen

주소 Jalan Pantai Kuta, Banjar Pande Mas, Kuta, Kec. Kuta, Kabupaten Badung, Bali 80361, Indonesia 위치 하드락호텔 바로 옆 (Jl. Pantai Kuta 방면 도보 230m) 시간 12:00~23:00 가격 79k(썸머롤), 149k(씨푸드 라이스 보울) 홈페이지 jamieoliverkitchen-id.com 전화 +62 361-762118

꾸따 해변으로 향하는 길가이자 하드락 호텔 바로 옆에 있는 이탈리안 레스토랑이다. 깔끔하고 편안한 분위기로 가족 식사를 위해 방문하는 손님이 많다. 스텝들은 친절한 편이나 가격은 현지 레스토랑 대비 높은 편이다. 엄청난 맛집은 아니고 숙소가 하드락 호텔 근처라면 한번쯤 가볼만하다. 추천하는 메뉴는 썸머롤과 씨푸드 라이스 볼이다. 썸머롤은 신선한 로컬 야채를 썰어 라이스페이퍼에 말아져 나온다. 달짝지근한 칠리소스와 새콤한 라임 디핑소스에 찍어 먹으면 더운 날 입맛을 돋궈 주는 요리다. 씨푸드 라이스 보울은 통통하게 살이 오른 새우와 오징어 그리고 레몬그라스, 생강 등 다양한 향신료가 매콤한 삼발소스와 함께 한 보울에 어우러지는데 밥이 있어서 그런지 익숙한 맛이다. 이탈리안 레스토랑이지만 이곳에서는 파스타보다는 쌀을 이용한 요리를 추천한다.

수플레 팬케이크가 맛있는 힙한 호주식 브런치 카페
브런치 클럽 발리 Brunch Club Bali

주소 Jl. Raya Legian No.457, Legian, Kec. Kuta, Kabupaten Badung, Bali 80361, Indonesia 위치 파드마 리조트 레기안에서 Jl. Padma Utara 방면으로 약 290m 직진 후 좌회전하여 Jl. Raya Legian 길을 따라 450m 직진 시간 8:00~18:00 가격 60k(클래식 팬케이크), 25k(아메리카노) 홈페이지 https://www.brunchclubbali.com/

2019년 오픈한 브런치 카페로 호텔 조식 대신 꼭 한번 시도해 보면 좋을 곳이다. 발리의 전통 사원 스타일의 외벽 디자인에 모던한 감성을 더한 인테리어가 눈을 끈다. 이 거리에서 가장 큰 가게로 모르고 지나치기는 어렵다. 대표 메뉴는 'Porncake'라 불리는 푹신푹신한 수플레 팬케익이다. 계란 흰자 거품을 잘 부풀려 폭신한 두께로 구워진 팬케이크를 한입 입에 넣는 순간 폭신하게 녹아내린다. 주문 즉시 만들어지기 때문에 시간은 좀 걸리지만 분명 인증샷을 찍고 싶어지는 메뉴다. 시원한 아메리카노와 달콤한 팬케익을 곁들이면 순식간에 행복해진다. 팬케익뿐만 아니라 육즙 가득한 블랙번 버거와 호주에서 브런치 메뉴로 자주 등장하는 콘프리터도 인기 메뉴다. 에어컨은 없지만 통풍이 잘 되어 있고 큰 팬이 돌아가기 때문에 많이 덥지는 않다. 특색있는 메뉴와 예쁜 분위기가 좋아서 한번쯤 가 보길 추천한다.

정성스러운 파스타 요리를 선보이는 곳

베네 이탈리안 키친 Bene Italian Kitchen

주소 Jl. Pantai Kuta, Sheraton Bali Kuta Resort, level 2, Kuta 80361, Indonesia 위치 쉐라톤 발리 꾸따 리조트 2층 시간 6:30~21:00 가격 148k(콰트로 포르마지오 피자), 118k(카르보나라) 홈페이지 www.benebali. com 전화 +62 361-846-5555

100가지의 파스타 메뉴가 있는데 무엇을 선택해도 중간은 간다고 할 수 있는 레스토랑으로, 쉐라톤 호텔에서 운영한다. 감각적이고 세련된 식기류부터 작정하고 대접하겠다는 마음이 느껴진다. 생면을 직접 뽑아 만들며, 인생 파스타를 만났다는 관광객들의 재방문율이 높다. 루프탑 바에서 보이는 선셋이 장관이라 일몰 시간에는 인기가 많으니 미리 예약하는 것이 좋다. 일몰 시간에는 루프탑 바의 해피 아워가 있으며, 주류로는 상그리아를 적극 추천한다.

발리의 김밥천국

와룽 토테모 Warung Totemo

주소 Jalan Benesari No.30, Kuta, Kabupaten Badung, Bali 80361, Indonesia 위치 시타딘 꾸따 비치 발리에서 해변을 등지고 베네사리(Jl. Benesari) 거리로 도보 약 5분 시간 12:00~20:00 가격 30k(미고렝), 49k(치킨 캐슈) 홈페이지 warung-totemo.business.site/ 전화 +62 361-472-6598

인도네시아 음식부터 중식, 양식까지 다양한 메뉴를 판매하는 곳이다. 꾸따 해변에서 도보 7분 정도 거리로 근처 식당들이 많은 베네사리 거리 대로변에 위치한다. 눈이 번쩍 뜨일 만한 맛집은 아니지만 부담 없는 가격으로 한 끼 먹기 좋으며, 한국의 김밥천국과 비슷하다. 인기 메뉴는 인도네시아식 볶음국수인 미고렝, 치킨 캐슈다. 치킨 캐슈는 밥을 추가해서 밥과 함께 정식처럼 먹기 좋다. 음료 또한 커피, 주스, 밀크셰이크, 인도 음료인 라씨까지 고를 수 있다. 다만 에어컨이 없는 곳이라 한낮에 가면 더울 수 있으니 오전이나 저녁에 가는 것을 추천한다. 굳이 찾아가서 먹을 만한 곳은 아니지만 근처에서 밥 먹을 곳이 필요하다면 괜찮은 곳이다. 참고로 와이파이는 다소 느린 편이다.

질리지 않는 상큼한 아사이 볼
비치 볼 발리 Beach Bowl Bali

주소 Jl. Benesari No.Pantai, Kuta, Kabupaten Badung, Bali 80361 Indonesia **위치** 시타딘 꾸따 비치 발리에서 해변을 등지고 베네사리(Jl. Benesari) 거리로 도보 약 3분 **시간** 8:00~17:00 **가격** 78k(블랙몽키), 75k(비치보울), 55k(아보토스티) **홈페이지** beachbowlbali.business.site/ **전화** +62 878-5580-3493

꾸따 해변에서 시타딘 호텔을 지나 바루 서프 골목으로 들어가면 어렵지 않게 찾을 수 있는 비치 볼 발리. 꾸따 해변, 서핑 숍이 가까워 서핑 후 지친 몸을 이끌고 찾기 좋은 곳이다. 밝은 분위기의 가게로 앙증맞은 파인애플 그림의 벽이 특징이다. 신선한 과일과 견과류를 아낌없이 담아주는 아사이 볼Acai Bowl이 시그니처 메뉴로, 하와이를 떠오르게 하는 맛이다. 아보카도가 들어가 고소한 피넛버터 샌드위치 또한 추천 메뉴. 오히려 아보카도가 메인인 아보토스티Avo toastie는 조금 짜다. 자주 먹는 아사이 볼 대신 다른 메뉴에도  전하고 싶다면 독소를 배출해 주는 블랙 볼을 추천한다. 식용 숯가루, 코코넛밀크, 아몬드, 피넛버터, 치아시드와 같은 몸에 좋은 견과류가 들어가 있다. 사장님이 매우 친절하고 종업원 대부분이 영어 소통에 능통한 편이라 궁금한 메뉴는 물어봐도 좋다.

 비밀의 정원에서 즐기는 인도네시아 전통 음식
포피스 레스토랑 Poppies Restaurant

주소 Jl. Raya Legian Gg. Poppies I No.16, Kuta, Kec. Kuta, Kabupaten Badung, Bali 80361, Indonesia **위치** 꾸따해변에서 Jl. Popies I 방면으로 약 600m 직진 후 좌회전(도보 약 8분) **시간** 8:00~23:00 **가격** 58k(미고랭), 135k(폭립), 445k(씨푸드 플래터) **홈페이지** http://www.poppiesbali.com/en/poppies-restaurant-bali.html **전화** +62 361-751059

 인도네시아 식당하면 딱 생각나는 그런 곳이다. 전통 사원 구조의 문을 들어서면 잘 꾸며진 정원이 펼쳐진다. 무려 1973년 부터 꾸따에서 오랜 시간 자리를 지키고 있다. 특정 메뉴가 소름돋게 맛있는 곳은 아니지만 깔끔한 분위기와 아름다운 정원 그리고 폭넓은 메뉴 선택이 가능해서 밸런스가 잘 맞는 곳이라 할 수 있다. 특히 저녁에 방문하면 은은한 조명 아래서 식사를 즐길 수 있어서 로맨틱한 분위기를 자아낸다. 가족 식사 혹은 데이트 장소로 많이 찾아서 인도네시아 로컬 음식이 먹고 싶을 때 방문해 보기 좋은 곳이다. 인기 메뉴는 새우, 야채를 넣고 볶은 미고랭과 씨푸드 플래터다. 피셔맨스 배스킷Fisherman's Basket이라고도 불리는데 랍스터와 킹 프라운, 그리고 조개, 적도미red snapper fillets 등이 스윗칠리, 튀김 소스tempura sauce 등과 같이 나온다. 그리고 직접 깎은 코코넛에 담겨져 나오는 피나콜라다 칵테일도 도 시그니처 메뉴다.

한국 음식이 생각날 때 찾는 곳
파파야 프레시 갤러리 Papaya Fresh Gallery

주소 Jalan Merta Nadi, Banjar Abian Base, Kuta, Kabupaten Badung, Bali 80361, Indonesia 위치 꾸따 센트럴 파크(Kuta central park) 호텔에서 메르타 나디(Jl. Merta Nadi) 거리로 도보 약 5분 시간 9:00~22:00 홈페이지 papayabali.co.id/ 전화 +62 361-759-222

한국 제품, 음식이 그립다면 멀리 갈 것 없다. 꾸따 주변에서 아시안 식재료와 한국 식자재를 가장 잘 갖춰 놓은 곳이 파파야 마트다. 김치, 고추장, 된장부터 소갈비 양념까지 다 찾을 수 있다. 라면도 신라면뿐만 아니라 비빔면, 곰탕면까지 찾을 수 있다. 고기를 사면 유일하게 아이스 팩을 제공해 주는 마트로 야채, 고기류가 신선하다. 스시, 롤, 돈가스 같은 포장 음식도 판매하므로 간단하게 숙소에 사 가지고 가서 먹을 수도 있다. 그러나 발리 물가 대비 가격이  저렴한 편은 아니므로 생필품은 다른 마트에서 구입하는 것이 좋다. 파파야 마트에 방문했다면, 마트 내의 코미가 베이커리Komiga Bakery에 들러 보자. 일본식 빵을 파는데 앙금이 고소하고 달콤한 단팥빵을 비롯해 수준급 빵을 맛볼 수 있다.

매일 가도 후회하지 않는 발리 최고의 카페
메르카토 커피 바 Mercato Coffee Bar

주소 Jl. Patih Jelantik no 172, Legian 80361, Indonesia 위치 머큐어 발리 르기안(Mercure Bali Legian) 호텔에서 라야 르기안(Jl. Raya Legian) 거리 따라 스카이 가든 방면으로 직진 후 즐란틱(Jl. Patih Jelantik) 거리에서 우회전해 도보 2분 직진 후 좌회전해 100m 직진 시간 9:00~19:00 휴무 일요일 가격 40k(헤이즐넛 프라페), 25k(피콜로 라테), 30k(아메리카노) 홈페이지 m.facebook.com/Mercatocoffeebar/?locale2=ru_RU 전화 +62 877-6175-8432

생긴 지 얼마 되지 않아 시원하고 깔끔한 카페다. 꾸따 중심가의 복작거리는 길을 빠져나와 한 블록 뒤의 골목길에 있어서 조용히 대화를 나누거나 여행의 여유로움을 만끽하기 좋은 곳이다. 세련된 우드 톤의 인테리어로 커피와 크루아상을 잘한다. 발리에서 주로 쓰는 산미가 느껴지는 원두와는 달리 고소한 맛이 강한 커피를 맛볼 수 있다. 커피 맛과 인테리어에 비해 가격도 저렴한 편이다. 추천 메뉴는 아메리카노와 헤이즐넛 프라페, 피콜로 라테다. 또한 인도네시아인이지만 한국에서 공부한 적이 있는 바리스타 채원 씨는 한국말을 잘하며, 인근 정보에 빠삭하니 함께 수다를 떨며 유용한 정보도 얻어갈 수 있다.

탁 트인 창과 감각적인 분위기를 자랑하는 카페

글로리아 진스 커피 르기안 Gloria Jean's Coffees Legian

주소 No, Jl. Raya Legian No.361, Kerobokan Kelod, Legian, Kabupaten Badung, Bali 80361, Indonesia 위치 머큐어 발리 르기안(Mercure Bali Legian) 호텔에서 라야 르기안(Jl. Raya Legian) 거리 따라 스카이 가든 방면으로 도보 3분 시간 7:00~16:00 가격 45k(베리 바닐라 칠러), 30k(아메리카노) 홈페이지 www. facebook.com/GloriaJeansCoffeesLegian 전화 +62 361-754-093

글로리아 진스 커피는 꾸따 내에 여러 지점이 있지만 그중 르기안 지점을 추천한다. 르기안 거리 끝자락에 위치해 있으며, 높은 천장과 큰 창이 특징이다. 꾸따 지역의 카페중 여행 정보 앱 트립어드바이저에서 1위를 차지한 커피 맛집으로, 호주에서 건너온 커피 브랜드다. 호주와 가까운 위치 덕에 발리의 커피는 호주식 커피의 영향을 많이 받았다. 아메리카노 대신 크레마가 풍부한 롱 블랙을 쉽게 찾을 수 있는 이유이기도 하다. 발리의 커피가 맛있는 이유에는 분위기도 한몫한다. 그중 특히 르기안 지점에서는 높은 천장으로 쏟아지는 햇빛에 절로 기분이 좋아진다. 탁 트인 창가에서 마시는 글로리아만의 달콤 쌉싸름한 바닐라 칠러 커피 한 잔이면 당 충전 완료. 보들보들한 토스트 또한 인기 메뉴니 함께 먹어 보자.

커피 코너 Coffee Corner

아침 식사를 즐기기 좋은 카페

주소 Melasti Arto Centre Blok 1-2, Jl. Melasti, Legian Kuta, Legian, Kuta, Kabupaten Badung, Bali 80361, Indonesia 위치 머큐어 발리 르기안 호텔 맞은편 방면으로 도보 2분 시간 7:00~17:00 가격 47k(크렘브 륄레 프리즈), 30k(아메리카노), 45k(샌드위치), 35k(오믈렛) 전화 +62 361-751-546

특별한 맛은 아니지만 무엇을 시켜도 보통은 하는 곳이라고 할 수 있다. 아침 식사 메뉴가 저렴하고 맛있어서 아침부터 늘 손님이 많다. 머큐어 르기안 호텔에서 도보 2분 거리로 골목 초입에 자리해 접근성도 완벽하다. 카페에 들어서면 손을 닦을 수 있는 시원한 수건을 제공하며, 친절한 직원들의 서비스로 기분이 좋아진다. 인기 메뉴는 크렘 브륄레 프리즈와 베이컨, 토스트가 포함된 오믈렛, 샌드위치다. 아메리카노를 포함해 음료 사이즈가 큰 점도 장점

이다. 발리에 있는 대부분의 카페는 아메리카노같이 쓴 커피를 시키면 작은 쿠키를 주는데 그게 귀엽고 또 커피와 잘 어울려 커피를 마실 때마다 또 다른 재미다. 디저트 메뉴 중 우붓에서 판매하는 우붓 로우Ubud Raw 초콜릿도 있으니, 우붓에서 먹어 보지 못했다면 이곳에서 시도해 보자.

팻 토니스 Fat Tony's

푸근한 인심이 느껴지는 수제 버거 전문점

주소 Jalan Sriwijaya No.28, Legian, Kuta, Kabupaten Badung, Bali 80361, Indonesia 위치 머큐어 발리 르기안(Mercure Bali Legian)에서 스리위자야(Jl. Sriwijaya) 거리로 도보 5분 시간 14:00~22:00 휴무 월요일 가격 45k(더블 패티 버거), 35k(치킨 샌드위치) 홈페이지 www.facebook.com/fattonytakeaway/ 전화 +62 857-9264-1911

착한 가격과 빠른 서비스로 여행객들 사이에서 유명세를 얻고 있는 수제 버거 전문점이다. 블리스 서퍼 호텔Bliss Surfer Hotel에서 도보 3분 거리로, 꾸따의 번잡한 거리를 벗어나 주택가 안에 있다. 특히 호주인들이 사랑하는 맛집으로, 그날 산 신선한 재료로 버거를 만들고, 패티나 빵이 떨어지면 문을 닫으니 먹고 싶다면 서두르자. 인기 메뉴는 더블 패티 버거에 베이컨을 추가한 메뉴로, 저렴한 가격에 감자튀김까지 포함돼 있다. 치킨 랩, 채식주의자를 위

한 베지 버거도 인기다. 육즙이 흐르는 버거지만 홈메이드 버거로 너무 기름지지 않아 큰 부담 없이 먹을 수 있는 것이 팻 토니스만의 특징이다. 게다가 생수를 무료로 제공한다. 아담한 크기의 가게로 실내석뿐 아니라 흡연 가능한 야외석도 있다. 모든 메뉴는 포장 가능하고, 적힌 가격 이외에 서비스료나 세금이 없다. 단, 주차 공간이 없으니 도보 이용을 추천한다.

발리 쇼핑몰계의 2인자
디스커버리 쇼핑몰 Discovery Shopping Mall

주소 Jl. Kartika Plaza, Kuta, Kabupaten Badung, Bali 80361 Indonesia **위치** 마타하리에서 까르티카 플라자(Jl. Kartika Plaza) 거리를 따라 도보 9분 **시간** 12:00~20:00 **홈페이지** www.discoveryshoppingmall.com **전화** +62 361-755-522

2014년 비치 워크 쇼핑센터가 생기기 전까지 발리 최고의 대형 쇼핑몰이었던 곳으로 워터밤 워터 파크 바로 맞은편에 있다. 1층에는 버거킹, KFC, 스타벅스, 콜드스톤과 같은 글로벌 프랜차이즈가 있으며 3개 층에 해외 브랜드들이 여러 개 입점해 있다. 셀시우스 카페 앤 그릴이 위치한 3층은 기념품 사기에 좋다. 백화점이라기보다는 중저가 브랜드와 현지 브랜드가 많으며, 중국인 단체 관광객들이 많이 찾는다. 식당 수는 다소 적은 편이고, 비치 워크 쇼핑센터와 비교 시 건물이 조금 낙후된 편이다. 대신 이곳만의 특징으로는 발리에서 유일하게 세포라 매장이 있다는 것이다. 공항과 가까워(차로 10분 거리) 공항 가기 전 시간을 보내기 좋다. 1층 폴로 매장에서는 세일을 자주 하는 편이라 가끔 득템할 기회가 있다. 숙소가 근처거나 지나가는 길이라면 한 번쯤 가 봐도 좋지만 굳이 찾아갈 필요는 없다.

블랙 캐니언 커피 | Black Canyon Coffee

1993년에 문을 연 커피전문점으로, 태국에서 물 건너온 커피 체인점이다. 디스커버리 쇼핑몰 1층에 있어 일행을 기다리거나 쇼핑 전후로 쉬어 갈 수 있는 편안한 분위기의 카페다. 1층과 2층이 있는데 늘 많은 사람들로 붐비며 특히 중국인 단체 관광객이 많다. 커피 이외에도 샌드위치와 같은 가벼운 식사를 할 수 있다. 커피 맛이 뛰어나지는 않으며, 라테의 경우 우유의 고소한 맛이 느껴지지 않을 때가 있으니 큰 기대는 하지 말자. 1층

테라스 자리에서는 꾸따 해변을 감상할 수 있다. 인기 메뉴는 블랙 캐니언 아이스커피Black Canyon Iced Coffee와 아이스 카푸치노Iced Cappuccino 같은 당도 높은 커피들이다.

위치 디스커버리 쇼핑몰 1층 시간 9:00~22:30, 9:00~22:30(주말) 가격 44k(블랙 캐니언 아이스커피), 55k(아이스 카푸치노) 홈페이지 black-canyon-coffee-discovery-shopping-mall.business.site/ 전화 +62 361-370-0379

짜릿한 워터 슬라이드를 대기 없이 즐길 수 있는 곳
워터밤 발리 | Waterbom Bali

주소 Jl. Kartika Plaza Tuban, Kuta, Kabupaten Badung, Bali 80361, Indonesia **위치** 마타하리에서 까르티까 플라자(Jl. Kartika Plaza) 거리를 따라 도보 9분, 디스커버리 쇼핑몰 맞은편 **시간** 10:00~17:00 **가격** 1일권 : 535k(성인), 385k(2~11세) **홈페이지** www.waterbom-bali.com **전화** +62 361-755-676

디스커버리 쇼핑몰 맞은편에 있는 발리 최고의 워터 파크다. 시원한 물속에서 짜릿한 놀이기구를 탈 수 있는 곳으로, 가족 단위 혹은 친구와 놀다 보면 한나절이 순식간에 갈 것이다. 3.8ha가 넘는 넓은 규모의 테마파크로 열대 정원, 유수풀과 함께 17개의 슬라이드와 실내 서핑 또한 가능하다. 발리 내에서 가장 인기 있는 테마파크지만 대기 줄이 국내 워터 파크에 비해 짧아서 원하는 기구를 원 없이 탈 수 있는 것이 장점이다. 2012년 새 단장을 했으며, 가장 최근에 추가된 플로우 라이더Flow Rider에서 서핑을 하거나 수업을 들을 수도 있다. 가장 인기 있는 기구는 시속 70km의 패스트 앤 피어스Fast n Fierce, 부메랑Boomerang이다. 여유롭게 쉬고 싶다면 레이지 리버Lazy River 유수풀에 둥둥 떠 있는 것을 추천한다. 워터 파크 내의 음식점에서 식사가 가능하며, 국내와는 달리 외부에 나가 밥을 먹고 재입장도 가능하다. 워터밤 내에서는 스플래시 밴드로만 결제가 가능하니 미리 충전하는 것이 편하다. 샤워 시설도 깨끗하게 관리되고 있다. 샤워실에 샴푸도 구비되어 있긴 하지만 큰 기대는 하지 않는 것이 좋다. 워터밤 발리의 모든 슬라이드는 엄격한 국제 기준을 따라 안전하며, 친환경 소재를 사용해 마음 놓고 즐길 수 있다. 입장료에 사물함과 수건 대여료는 포함돼 있지 않으며, 수건은 10k에 대여 가능하고 사물함은 대여 시 하루 종일 사용할 수 있다. 클룩Klook 어플을 통해 할인 쿠폰을 받아 입장권을 구매할 수도 있다(선착순 소진).

땅이 끝나는 곳에 위치한 울루와뚜 절벽 사원과 석양이 아름다운 곳

울루와뚜·짐바란 Uluwatu·Jimbaran

울루와뚜는 꾸따에서 차로 약 1시간 정도 걸리는 곳에 있다. '땅의 끝'이라는 뜻의 '울루'와 '바위'라는 뜻의 '와뚜'가 합쳐진 의미처럼 발리의 최남단에 위치해 있으며, 울루와뚜 절벽 사원이 있는 곳이기도 하다. 인도양과 경계를 이루고 있는 이곳은 아직 개발이 덜 되어 자연 그대로의 웅장함을 느낄 수 있으며, 세찬 파도가 몰아치는 해변이 많아 중급 이상의 서퍼들이 즐겨 찾는다. 발랑안 해변을 시작으로 드림 랜드, 빠당빠당, 술루반 해변과 같은 작은 해변들이 해안선을 따라 줄지어 있는데, 그중 빠당빠당 해변은 영화 〈먹고 기도하고 사랑하라〉의 촬영지로 유명하다.

짐바란은 공항 바로 아래쪽에 위치한 작은 어촌 마을로, 1980년에 시작된 개발 계획에 따라 짐바란 베이를 중심으로 5성급 리조트, 고급 빌라가 들어서기 시작했다. '짐바란 시푸드'로 유명한 이곳은 매일 저녁마다 싱싱한 해산물을 먹기 위해 찾아오는 관광객들로 줄을 잇는다. 아직은 개발이 덜 되어 나이트라이프와 같은 즐길 거리는 없지만 훌륭한 시푸드와 아름다운 석양을 볼 수 있다.

교통편 짐바란은 공항에서 15~20분 정도 소요된다. 울루와뚜는 최남단 지역인 만큼 꾸따에서 출발하면 1시간~1시간 30분 정도 소요된다. 꾸따나 스미냑과 달리 교통편이 불편해 미리 차편을 예약하거나 오토바이 등을 타고 가는 것을 추천한다. 이 주변은 모두 담합해서 단거리를 가더라도 150,000Rp를 기본 단위로 부르며 블루 버드, 그랩과 같은 택시가 오기 힘들다는 것을 알기 때문에 흥정도 통하지 않는 편이다. 미리 하루 단위로 택시를 예약해 구경하는 것을 추천한다.

발리 남부의 대표적인 절벽 사원

울루와뚜 사원 Uluwatu Temple(Pura Luhur Uluwatu [뿌라 루흐르 울루와뚜])

주소 Pecatu, South Kuta, Badung, Indonesia 위치 응우라라이 공항에서 차로 45분, 짐바란에서 약 30분 정도 거리 시간 7:00~18:00 휴원 월요일 요금 50k(성인)

해발 75m에 위치한 울루와뚜 사원은 발리의 7대 명소이자 발리를 대표하는 사원 중 하나로 꼭 가 봐야 할 곳이다. 10세기경 고승 우푸쿠투란이 세웠으며, 16세기에 현재와 같은 모습으로 복원됐다. 인도양과 만나 오묘한 에메랄드빛을 자아내는 울루와뚜 바다, 높다란 절벽으로 하얗게 부서지는 파도, 그 위에 자리한 사원을 보면 왜 이곳에 사원을 지었는지 절로 고개가 끄덕여진다. 이곳 역시 원숭이들이 굉장히 많은데, 먹이를 따로 주지 않아 다소 난폭한 편이니 고가 혹은 빛나는 소지품은 미리 빼고 입장하는 것이 좋다. 혹시나 원숭이가 소지품을 가져갔다면 곳곳에 막대기를 들고 있는 원숭이 협상가(Monkey Ranger)에게 도움을 요청하는 것이 좋다. 짧은 바지나 치마 복장은 입장이 불가하다. 상의는 큰 제재가 없으나, 하의는 긴 옷을 입더라도 현지인과 마찬가지로 사롱을 입어야만 입장할 수 있다. 사원 앞에서 빌려 입을 수 있다. 매일 오후 6~7시에는 사원 한쪽에서 께짝kecak 댄스 공연이 열린다.

Tip. 일몰과 함께 하는 원숭이 춤 공연, 울루와뚜 께짝 댄스 Uluwatu Kecak Dance

보통 일몰 때 시작되는 께짝 댄스는 발리의 다른 전통 공연과 달리 인공적인 배경이나 악기를 사용하지 않는 것이 특징이다. 1930년 와얀 림박이라는 발리 댄서와 독일 화가 월터 스피스가 함께 힌두교 서사시 〈라마야나〉 사가를 바탕으로 공연을 창작했다고 한다. 께짝 댄스는 악마와 악령을 쫓는 발리의 고대 의식 '상향'에서 기원했으며, 라마 왕자를 돕는 원숭이 부대와 악마 라화나의 대결이 줄거리다. 공연은 전통 의상을 입은 약 50명의 남자가 모닥불 앞에 둥글게 둘러앉아 시작된다. "짝! 짝! 짝! 께짝!" 원숭이 소리를 흉내낸 높고 낮은 구호와 경쾌한 춤은 절로 흥을 돋운다. 일몰과 함께 수십 명의 무용수가 손을 들고 께짝을 외치는 장면을 보면 왜 발리에서 께짝 댄스가 필수 공연인지 느낄 수 있다. 께짝 댄스는 여러 지역에서 행해지는데 울루와뚜, 따나 롯, 가루다GWK 공원 등의 공연이 유명하다.

주소 Kawasan parkir Pura Uluwatu, Jalan Raya Uluwatu, Desa Pecatu, Kec. Kuta Selatan, Pecatu, Kuta Sel., Kabupaten Badung, Bali 80364, Indonesia 위치 울루와뚜 사원 내 노천 공연장 시간 18:30(약 1시간 30분~2시간 소요) 요금 100k 홈페이지 www.uluwatukecakdance.com 전화 +62 819-9983-1599

Tip. 발리의 사원과 구조

발리의 사원은 동심원 구조로 크게 세 구역으로 나뉜다. 이는 세계의 중심이자 신을 숭배하기 위한 공간으로 지상, 지하, 천상의 우주관이 투영된 것이다. 그중 가장 신성한 곳은 저로안Jeroan이라 불리는 가장 안쪽 구역으로 힌두교를 믿는 현지인들만 입장이 허용된다.

• 짠디 븐따르Candi Bentar

'영혼의 문'이라 불리는 사원 입구로, 대형 탑을 두 개로 갈라놓은 듯한 수직 대칭적인 구조다. 입구의 오른쪽은 '선', '삶', '신성하다'의 의미를, 왼쪽은 '악', '죽음', '어둠'의 의미를 가지는데, 들어올 때와 나갈 때는 서 있는 사람을 기준으로 오른쪽과 왼쪽이 뒤바뀌게 된다. 이는 선과 악은 분리될 수 없으며, 그 사이에서 균형을 유지하는 것이 중요하다는 것을 상징한다.

• 발레Bale

사원의 입구인 '짠디 븐따르'를 지나면 나오는, 지붕만 있는 형태의 건물이다. 부엌, 창고 혹은 종교 행사가 있을 때 닭싸움 등의 용도로 사용된다.

• 파두락사Paduraksa

'금빛의 탑'으로, 탑의 양쪽에 있는 석상은 나쁜 기운이 들어오지 못하게 막는 수호신이다.

• 메루Meru

가장 성스러운 공간에 위치하는 탑 메루는 발리 사원의 가장 특징적인 건축물로, 여러 개의 지붕을 탑처럼 쌓아 올렸다. 보통 3, 5, 7, 9, 11층과 같이 홀수로 올리며 층수에 따라 의미가 다르다. 3층은 아궁산을 위한 사당이고, 11층은 힌두교 최고의 신인 상향 위디Sanghyang Widi를 위한 사당이다.

• 파드마Padma

태양신Surya을 모시는 신전 혹은 제당이다.

• 파루만Paduraksa

종교 행사 중 신들이 모이는 장소다. 마을의 큰 사원을 지날 때는 꼭 들러 신에게 기도를 한다. 보통 이러한 의식 후에는 사제가 성수를 뿌리고 물에 젖은 쌀알을 이마, 관자놀이 혹은 목에 붙인다. 이마와 관자놀이에 쌀알을 붙이는 것은 세상을 바른 눈으로 보고 좋은 생각과 판단을 하라는 뜻이고, 목에 붙이는 것은 좋은 말을 하라는 뜻이라고 한다. 쌀알은 물로 가볍게 붙여 자연스럽게 떨어질 때까지 내버려둔다.

영화 〈먹고 기도하고 사랑하라〉 촬영지
빠당빠당 해변 Padang Padang Beach

주소 Pecatu, South Kuta, Badung, Indonesia **위치** 짐바란에서 라야 울루와뚜(Jl.Raya Uluwatu) 거리를 타고 울루와뚜 사원 방면으로 차로 약 30분(울루와뚜 사원에서 차로 약 8분) **요금** 15k(성인)

줄리아 로버츠 주연의 영화 〈먹고 기도하고 사랑하라〉의 촬영지로 유명한 이 해변은 서핑 스폿으로도 1년 내내 사랑받는 곳이다. 꾸따 도심과 30km 정도 떨어져 있는 빠당빠당 해변이야말로 유럽인들의 휴양지로 아시아인들은 좀처럼 찾아보기 힘들다. 끝없는 수평선과 백사장이 펼쳐져 있고, 석회석 절벽이 마주한 좁은 통로의 계단을 따라 내려가면 그림 같은 바다가 펼쳐진다. 북적거리는 꾸따 해변과는 달리 맑은 물과 햇볕에 태닝하는 관광객들 속에서 여유로운 분위기를 즐길 수 있다. 해가 굉장히 뜨거우니 사롱을 챙겨 가서 깔고 누워 있기를 추천한다. 입구부터 시작해 원숭이들이 꽤 있는 편이니 역시 반짝거리는 물품은 조심하는 것이 좋다. 또한 공용 화장실은 깨끗한 편이 아니니 주변 가게 화장실을 이용하는 것을 추천한다. 유일하게 입장료를 받는 해변으로 입장료는 성인 기준 15,000Rp다.

🏮 서핑을 배울 수 있는 학교
올라스 드 발리 서프 스쿨 Olas de Bali Surf School

주소 Jl. Labuansait, Pecatu, Kuta Sel., Kabupaten Badung, Bali 80361, Indonesia   위치 빠당빠당 해변에서 라부안사이트(Jl. Labuansait) 거리 따라 차로 약 10분   시간 9:00~17:00   홈페이지 facebook.com/olasdebalisurfschool/   전화 +62 857-3859-5257

빠당빠당 해변 근처에 있으며, 올라Ola 홈스테이와 함께 운영하는 서프 스쿨이다. 빠당빠당 해변에서 서핑을 배우고자 하는 장기 및 단기 체류자들에게 인기가 많다. 친절한 서핑 강사 티노가 초보자도 안심하고 탈 수 있게끔 지도해 준다. 개인 혹은 단체로 예약이 가능하며, 프라이비트 클래스를 신청하면 일대일로 집중 교육을 받을 수 있다.

🏮 서퍼들이 가장 사랑하는 해변
블루 포인트 해변(술루반 비치) Blue Point Beach(Suluban Beach)

주소 Pecatu, Kuta Selatan, Pecatu, Kuta Sel., Kabupaten Badung, Bali 80361, Indonesia   위치 짐바란에서 리야 울루와뚜(Jl. Raya Uluwatu) 거리를 타고 울루와뚜 사원 방면으로 차로 약 35분 후 싱글 핀 레스토랑 바로 아래   요금 20k

발리의 아름다운 백사장 중 하나로, 해변으로 가는 길이 매우 가파르지만 그만큼 아름다움을 느낄 수 있다. 천연 석회암 속에 숨겨져 있어 좁은 틈을 통해 한참을 내려가야 있는 블루 포인트 해변이 술루반 비치이기도 하다. 술루반이라는 단어는 발리어 메술룹mesulub에서 기원했으며 '절하다'라는 뜻이다. 블루 포인트 해변에 들어가기 전에 엎드려 몸을 구부리고 들어가야 하기 때문이다. 서퍼들이 가장 좋아하는 해변이기도 한 이곳은 아름다운 경치로 유명하며 파도가 꽤 센 편이다. 특히 일광욕, 일몰을 즐기기에 적합하며 해변 주변에 카페나 식당이 많아 간단하게 요기하기 좋다. 참고로 유명한 레스토랑 싱글 핀 또한 블루 포인트 해변 인근이다.

 선셋이 아름다운 레스토랑
싱글핀 Single Fin

주소 Pantai Suluban, Jl. Labuan Sait, Pecatu, Uluwatu, Kuta Selatan, Pecatu, Kuta Sel., Kabupaten Badung, Bali 80361, Indonesia 위치 짐바란에서 리야 울루와뚜(Jl. Raya Uluwatu) 거리를 타고 울루와뚜 사원 방면으로 차로 약 35분 시간 8:00~22:00 가격 45k(빈 땅), 95k(치킨 버거), 110k(싱글핀 피자) 홈페이지 www.singlefinbali.com 전화 +62 361-769-941

발리 남부 지역에서 가장 인기 있는 레스토랑이다. 블루 포인트 바다 근방의 절벽 위에 위치해 있어 경치가 끝내 준다. 해 질 무렵부터는 젊은 사람들의 흥겨운 파티 공간으로 변해 분위기가 좋다. 인기 메뉴는 피자와 치킨 케밥이며, 맥주나 와인을 곁들인다면 금상첨화가 따로 없다. 긴 대기 시간을 피하고, 전망이 좋은 자리에 앉으려면 미리 예약하고 가는 편이 좋다. 싱글 핀 홈페이지에 글을 남기면 예약 확정 메일을 보내 준다. 외부 음식은 반입 금지며 가방에 물, 음료가 있다면 입장 시 카운터에 맡기고 식사 후에 찾아가면 된다.

하와이 감성이 가득한 카페
헤날루 카페 앤 레스토 He'enalu Cafe & Resto

주소 Jalan Raya Uluwatu Pecatu No.70X, Pecatu, Kuta Selatan, Pecatu, Kuta Sel., Kabupaten Badung, Bali 80361, Indonesia 위치 울루와뚜 사원에서 라야 울루와뚜 페카트(Jl. Raya Uluwatu Pecat) 거리 누사두아 방면으로 차로 약 10분 시간 12:00~20:00(토요일 휴무) 가격 39k(타코), 59k(로코모코), 59k(포케볼) 홈페이지 heenalu-bali.weebly.com 전화 +62 898-8384-180

울루와뚜 길가에 위치한 작은 식당으로, 니르말라 Nirmala 슈퍼마켓 바로 옆에 있다. 오션 뷰는 아니지만 조용한 분위기에서 깔끔한 식사를 할 수 있다. 가게 이름 헤날루He'enalu(하와이어로 '파도타기')처럼 흰 쌀밥 위에 고기와 달걀이 올라간 로코모코 외에도 포케, 하와이안 볶음밥 등을 판매한다. 주 메뉴는 포케, 아보카도 토스트, 팔라펠과 같은 몸에 좋은 메뉴다. 신선한 주스, 콤부차 같은 발효 음료를 곁들여 브런치로 먹기 좋은 가게다.

해변 앞 시푸드 레스토랑
가네샤 카페 Ganesha Café

주소 Jl. Pantai Kedonganan, Kedonganan, Kuta, Kabupaten Badung, Bali 80361 Indonesia 위치 응우라라이 공항에서 차로 약 20분 시간 10:00~24:00 가격 75k(볶음밥), 445k(kg당 크랩), 535k(kg당 타이거 새우) 전화 +62 812-3996-910

해변 앞에서 일몰과 함께 시푸드를 먹을 수 있는 레스토랑이 즐비한 짐바란 베이에서도 인기 있는 레스토랑이다. 코끼리 모양의 조각상이 반겨 주는 가네샤 카페도 근처 인근 식당처럼 해산물이 익어가는 지글지글 소리와 연기로 가득하다. 가게 통로를 따라가면 은은한 캔들이 켜진 해변의 야외석에서 식사를 할 수 있다. 짐바란 베이 일대는 모두 교통 체증이 심하기 때문에 선셋을 보며 저녁을 먹고 싶다면 여유 있게 출발하는 것을 추천한다. 저녁 시간에는 발리 전통 댄스 공연이 있다. 식사 자리를 안내받고 나면 수족관에서 먹고 싶은 요리를 고르는데 마치 수산물 시장과 비슷하다. 기호에 따라 굽거나 튀기는 요리 방식을 선택할 수 있다. 관광지 느낌이 물씬 나는 식당이지만 분위기에 중점을 두고 즐기는 것을 추천한다. 가격은 다소 비싼 편이지만 일몰 때 바다를 바라보며 사진도 찍고 전통 공연도 관람한다면 좋은 추억이 될 것이다.

스미냑·
짱구

Seminyak·Canggu

'발리의 청담동' 스미냑에서 즐기는 세련된 여행

스미냑은 발리에서 가장 럭셔리한 리조트와 카페, 고급 스파 숍이 모두 모인 핫 플레이스다. 꾸따가 우리나라의 명동과 비슷한 느낌이라면 스미냑은 강남의 신사동과 비슷하다. 차분하고 깔끔한 거리에 세련된 가게가 가득해서 식도락, 쇼핑을 즐기는 여행자라면 이곳만큼 최적의 장소는 없을 것이다. 길지 않은 일정으로 발리를 찾는 여행자들 중에는 스미냑의 고급 리조트에서만 머무는 여행객도 많다. 스미냑 서부의 짱구와 케로보칸 지역이 최근에 개발되면서 스미냑, 케로보칸, 짱구 지역을 묶어서 여행하기도 한다. 참고로 서핑, 스케이팅, 비치 클럽 등 가장 힙한 동네는 짱구 지역이다.

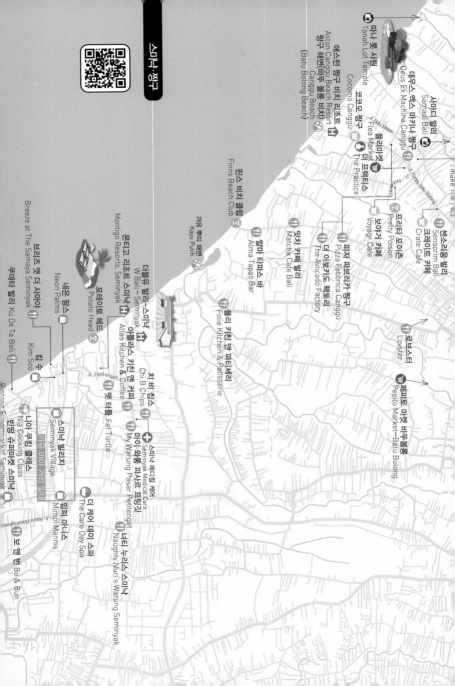

스미냑 짱구

🏛️ 따나 로 사원
Tanah Lot Temple

데우스 엑스 마키나 짱구
Deus Ex Machina Canggu

코코모 짱구
Cocomo Canggu

🏨 애스턴 짱구 비치 리조트
Aston Canggu Beach Resort
짱구 해변(바투 블롱 비치)
Canggu Beach
(Batu Bolong Beach)

🛍️ 플리마켓
Flea Market
더 프랙티스
The Practice

🏖️ 핀스 비치 클럽
Finns Beach Club

까유 뿌띠 해변
Kayu Putih

🏛️ 사마디 발리
Samadi Bali

🍴 센소림 발리
Sensorim Bali
크레이트 카페
Crate Cafe

🍴 프리티 포이즌
Pretty Poison
보야거 카페
Voyage Cafe

🍴 피자 파브리카 짱구
Pizza Fabbrica Canggu
더 아보카도 팩토리
The Avocado Factory

🍴 맛차 카페 발리
Matcha Cafe Bali

🍴 알마 타파스 바
Alma Tapas Bar

🍴 폴리 키친 앤 파티세리
Folie Kitchen & Patisserie

🍴 랍스터
Lobster

🛍️ 뻬삐또 마켓 바투블롱
Pepito Market-Batu Bolong

🍴 더블유 발리-스미냑
W Bali - Seminyak

🏨 몬티고 리조트 스미냑
Montigo Resorts, Seminyak

🏨 포테이토 헤드
Potato Head

🍴 치 비 칩스
Chi B Chips

🍴 아틀라스 키친 앤 카페
Atlas Kitchen & Coffee

🍴 잇 터틀
Eat Turtle

🏨 브리즈 엣 더 사마야
Breeze at The Samaya Seminyak

🍴 네온 팜스
Neon Palms

🍴 킴 수
Kim Soo

🍴 쿠데타 발리
Ku De Ta Bali

🍴 마이 와룽 파사르 프팃젯
My Warung Pasar Petitenget

➕ 스미냑 메디컬 케어
Seminyak Medical Care

🍴 니아 쿠킹 클래스
Nia Cooking Class

🍴 빵 수퍼마켓 스미냑
Bintang Supermarket Seminyak
Jl. Rawa Basangkasa

🏨 스미냑 빌리지
Seminyak Village

🍴 밈피 마니스
Mimpi Manis

🍴 보 앤 번
Bô & Bun

🍴 더 케어 데이 스파
The Care Day Spa

🍴 네이티 누리스 스미냑
Naughty Nuri's Warung Seminyak

교통편 스미냑은 블루 버드, 그랩, 우버 등을 모두 이용할 수 있어서 교통수단의 제약이 덜 한 편이다. 물론 지하철과 같은 대중교통은 없지만 택시 잡기가 편하며, 대부분의 가게들이 도보 가능한 거리에 밀집해 있다.

동선팁 까유 아야지. Kayu Aya 거리를 중심으로 카페, 맛집, 쇼핑 장소가 밀집돼 있어 숙소를 이 근처로 잡으면 이동이 굉장히 편리하다. 스미냑은 대체로 걸어 다니기에 적합하며, 끊임없이 늘어서 있는 생활용품 가게, 옷 가게, 비치웨어, 카페 덕분에 걸어 다니는 것이 더 좋다.

Best Course

대중적인 코스

스미냑 빌리지
〇
도보 2분

시스터필즈 카페
〇
도보 7분

네온 팜스
〇
도보 13분

킴벌리 스파 스미냑(발 마사지)
〇
도보 10분

브리즈 앳 더 사마야(저녁 식사)
〇
택시 6분

포테이토 헤드
〇
자동차 14분

라 파벨라

발리 문화 체험 코스

니아 쿠킹 클래스
〇
자동차 45분

따나 롯 사원
〇
자동차 24분

데우스 엑스 마키나 짱구(저녁 식사)
〇
자동차 17분

폴리 키친 앤 파티세리(디저트)

쿠니스 재패니스 레스토랑
Kunis Japanese Restaurant

더 커피 라이브러리
The Coffee Library

루모스 레스토랑
Rumours Restaurant

스미냑 빌리지
Seminyak Village

시스터필즈 카페
Sisterfields Cafe

보스맨
Bossman

밈피 마니스
Mimpi Mannis

삼발 슈림프
Sambal Shrimp

코너 하우스
Corner House

라 파벨라
La Favela

스타벅스
Starbucks

매드 팝스
Mad Pops

리볼버 에스프레소
Revolver Espresso

유 파샤 스미냑 발리
U Paasha Seminyak Bali

킴벌리 스파 스미냑
Kimberly Spa-Seminyak

아마데아 리조트 앤 빌라
Amadea Resort & Villas

스미냑의 대표 쇼핑센터
스미냑 빌리지 Seminyak Village

주소 Jl. Kayu Jati No.8, Seminyak, Kuta, Kabupaten Badung, Bali 80361, Indonesia **위치** 유 파샤 스미냑 발리에서 까유 아야(Jl. Kaya Aya) 거리 따라 해변 방면으로 도보 6분 **시간** 10:00~20:00 **홈페이지** www.seminyakvillage.com **전화** +62 361-738 097

스미냑의 대표 쇼핑센터로, 시원하고 깔끔하다. 총 3층으로 구성돼 있고, 1~2층이 주로 쇼핑 공간이다. 맛있는 식사보다는 슈퍼마켓, 의류, 기념품을 살 수 있는 곳이다. 많은 브랜드가 입점해 있지는 않지만 디올, 클라란스와 같은 글로벌 브랜드와 기념품이 잘 갖춰져 있다. 전체적으로 쾌적하며 ATM기와 2층에 위치한 환전소 덕분에 급하게 돈을 찾을 때 이용하기 좋다. 스미냑 스퀘어보다 쇼핑할 곳은 적지만 고급스럽고 편안한 분위기다.

스미냑 필수 코스, 브런치 맛집 No.1
시스터필즈 카페 Sisterfields Café

주소 Jalan Kayu Cendana No. 7, Seminyak, Kuta, Kerobokan Kelod, Kuta Utara, Kerobokan Kelod, Kuta Utara, Kabupaten Badung, Bali 80361, Indonesia 위치 스미냑 빌리지 맞은편 시간 8:00~21:00 가격 110k(아사이 볼), 100k(팬케이크) 홈페이지 sisterfieldsbali.com 전화 +62 811-3860-507

유 파샤 스미냑 발리에서 도보 5분 거리에 있는 시스터필즈 카페는 스미냑 빌리지 맞은편에 있다. "발리에 다시 간다면 뭐가 먹고 싶어?"라는 질문에 가장 먼저 떠올릴 만큼 인기 절정의 카페다. 친절한 미소의 직원들과 빠른 회전율, 맛까지 보장되는 곳으로 브런치를 먹기에 딱이다. 추천 메뉴는 부드러운 커스터드 크림과 뮤즐리 그리고 라즈베리 소르베까지 제공되는 3단 라즈베리 팬케이크다. 포슬포슬한 팬케이크와 상큼한 라즈베리의 조화는 누구나 좋아할 맛이다. 신선한 아사이 볼과 버거, 산미가 느껴지는 콜드브루 커피도 인기다. 어떤 메뉴를 골라도 세련된 플레이팅과 깔끔한 맛을 자랑한다. 점심시간 전후로 가장 붐비지만 가게가 크기 때문에 대기 시간이 길지 않으니 채광이 잘 드는 창가 자리에 앉아서 브런치를 즐겨 보자.

묻지도 따지지도 않는 인생 버거 집

보스맨 Bossman

주소 Jalan Kayu Cendana No. 8B, Seminyak, Kerobokan Kelod, Kuta Utara, Kabupaten Badung, Bali 80361 Indonesia 위치 스미냑 빌리지 맞은편 시간 11:00~다음 날 1:00 가격 95k(알카포네 버거), 45k(트러플 감자튀김) *서비스료 6%, 택스 10% 홈페이지 www.bossmanbali.com 전화 +62 812-3916-7070

발리는 관광객들이 워낙 많아 맛있는 버거 집이 많은데 그중에서도 손에 꼽는 곳이다. 맛도 있는 데다 직원들도 친절해서 더 추천하고 싶은 가게다. 바로 옆 인기 레스토랑인 비키니, 시스터필즈를 운영하는 사장님이 만든 버거 집으로 믿고 먹을 수 있다. 스미냑 빌리지 맞은편에 위치해 찾기도 쉽다. 유독 재방문율이 높은 곳으로 오픈 키친이어서 주문과 동시에 직원들이 버거를 굽는 모습을 직접 볼 수 있다. 추천 메뉴는 두툼하게 잘 구워진 소고기 패티와 베이컨, 양파, 체더치즈 위에 담백한 바비큐 소스가 뿌려진 알카포네 버거다. 한입 베어 무는 순간 육즙이 흘러내린다. 감자튀김은 일반 감자튀김이 아닌 트러플, 포르치니, 파르메산 치즈가 함께 나오는 트러플 감자튀김을 추천한다. 고젝Go-Jek 앱을 통해 배달도 가능하나 시간이 오래 걸리고 응답이 느린 경우가 있어 매장에서 먹는 것을 추천한다.

달콤 쌉사름한 말차의 매력

맛차 카페 발리 Matcha Cafe Bali

주소 Jl. Pantai Berawa No.99, Tibubeneng, Kec. Kuta Utara, Kabupaten Badung, Bali 80361, Indonesia 위치 타모라갤러리 바로 옆(Jl.Pantai Berawa에서 북쪽으로 약 19m 직진) 시간 8:00~17:00 가격 30k(말차 라테), 40k(나폴레옹 케이크), 65k(프렌치 토스트) 홈페이지 https://www.matchacafebali.com/ 전화 +62 812-3853-6138

berawa에 위치한 작은 카페로 발리에서 가장 맛있는 말차와 말차를 사용한 디저트를 맛볼 수 있는 곳이다. 2017년 문을 연 카페로 발리니스 혹은 일본인도 아닌 이탈리아에서 온 마테오가 오픈한 카페다. 우연한 계기로 일본에 가서 말차와 사랑에 빠진 그는 긴 여행끝에 발리에 맛있는 말차 카페가 없어 직접 열기로 결정했다. 일본의 우지 지역에서 가져오는 말차는 해발 800m고도에서 자라 풍미가 좋다. 말차 카페에 간다면 꼭 먹어야하는 건 당연히 말차 음료와 홈메이드 디저트인데, 특히 초콜렛 브라우니를 추천한다. 이 가게는 거의 모든 메뉴에 다양한 옵션을 제공하고 있어 특히 비건들에게 천국이다. 여러 겹의 페이스트리에 꾸덕한 커스터드 크림이 들어간 나폴레옹 케이크도 인기다. 디저트 뿐만 아니라 식사 메뉴를 주문하는 손님들도 많은데 바로 70k라는 합리적인 가격에 아침과 음료를 즐길 수 있기 때문이다. MSG나 설탕이 들어가지 않아 건강한 아침 식사를 즐길 수 있다. 참고로 말차 라떼의 경우 진하게 먹고 싶은 경우 주문시 이야기하면 말차 양을 조절해준다. 요가 수련 전 후로 먹기도 좋고 서핑하기 전 에너지를 끌어모으기에도 좋은 메뉴다. 감성 카페이기도 하지만 모든 테이블에 플러그가 있어서 작업을 하기에도 좋은 곳이다.

호주에서 온 쉐프가 만드는 아시안 퓨전 요리
센소리움 발리 Sensorium Bali

주소 Jl. Pantai Batu Bolong No.31A, Canggu, Kec. Kuta Utara, Kabupaten Badung, Bali 80361, Indonesia 위치 페피토 마켓 짱구점에서 Jl. Pantai Batu Bolong 남쪽으로 550m 직진(도보 약 7분) 시간 9:00~16:00 가격 40k(토스트), 85k(불고기 비프 버거), 90k(포크 밸리 볼), 홈페이지 https://sensoriumbali.co.id/

모던하면서도 미니멀리스틱한 감성을 보여 주는 인테리어는 센서리움 메뉴와도 닮았다. 센서리움이라는 가게 이름도 오감과 감각이라는 단어에서 따온 만큼 이 레스토랑은 호주 요리와 아시안 퓨전 요리법이 조합되어 독특하고 재밌는 메뉴를 제공한다. 점심 피크타임에 가면 웨이팅이 있을 수도 있어 아침 일찍 가는 것을 추천한다. 인도네시아 출신 셰프 윌리엄은 호주에서 약 10년 간 지내며 경력을 쌓고 센서리움을 통해 음식으로 자신만의 이야기를 하고 싶어 이곳을 오픈했다. 셰프를 포함해 모든 직원분들이 반갑게 맞이해 주고, 식사 중간중간 음식 맛을 체크하고 물을 리필해 주는 등 섬세한 서비스가 다른 곳과는 확실히 다른 경험을 하게 해 준다. 추천 메뉴는 구운 버섯 요리인 textural of mushroom과 pork belly bowl이다. 일부 음식에는 고수가 들어가기 때문에 고수를 못 먹는다면 주문 전에 미리 말하자. 에그 베네딕트도 인기 메뉴라 브런치나 점심을 먹기 좋다.

가성비 끝판왕 마사지 숍
킴벌리 스파 스미냑 Kimberly Spa - Seminyak

주소 Jalan Kayu Aya, Kerobokan Kelod, Kuta Utara, Kabupaten Badung, Bali 80361, Indonesia 위치 유 파샤 스미냑 발리에서 아마데아 리조트 앤 빌라 방면으로 까유 아야(Jl. Kaya Aya) 거리 따라 도보 4분 시간 13:00~23:00 가격 70k(발 마사지), 90k(어깨마사지 30분) 전화 +62 812-3960-6105

멀리 갈 필요 없이 간단한 마사지는 여기서 받자. 킴벌리 스파에서는 한화 약 5,000원에 시원한 발 마사지를 받을 수 있다. 전반적으로 마사지사들이 센 압으로 시원하게 주물러 주는 편이다. 혹시 강하게 마사지하는 것을 좋아한다면 마사지 시작 전에 미리 조금 더 세게 해 달라고 부탁한다. 발 마사지 30분 코스는 발 씻기-발 마사지-짧은 어깨 마사지로 구성돼 있다. 물도 제공하므로 지친 여행 중 시원하게 휴식을 취하기 좋다.

분위기로 압도한 스미냑 골목의 카페

리볼버 에스프레소 Revolver Espresso

주소 JI. Kayu Aya Gang 51, Seminyak, Kuta, Seminyak, Kuta, Kabupaten Badung, Bali 80361, Indonesia 위치 스미냑 빌리지를 등지고 스타벅스 방면으로 직진하다가 까유 아야(JI. Kaya Aya) 거리 따라 도보 1분 시간 7:00~24:00 가격 35k(카페라테), 45k(커피 세이크) 홈페이지 www.revolverespresso.com 전화 +62 851-0124-44468

스미냑의 작은 골목에 위치한 분위기 깡패의 카페로, 입구를 찾는 순간부터 왜 손님이 많은지 알 수밖에 없다. 들어가는 입구부터 비밀스러운 이곳은 소호 하우스같은 느낌을 풍긴다. 가드가 문을 열어 줘야 들어갈 수 있는 부티크 커피 하우스로 어두컴컴한 벽돌빛의 인테리어는 마치 해리포터의 비밀의 방에 들어온 것 같은 기분이 들게 한다. 펑키한 느낌이 강해 미국의 50~60년대가 떠오르기도 한다. 이 때문에 카페라기보다는 분위기 좋은 펍 느낌이 강하다. 2층에는 귀여운 리볼버(권총) 모양의 로고가 그려진 배지, 티셔츠, 텀블러 등의 굿즈를 판매한다. 인기 메뉴는 카페라테와 리볼버표 커피 세이크다. 라테류는 아몬드 밀크로 마시는 것을 추천하고, 커피는 다소 산미가 강한 편이다. 걸어서 약 20분 거리에 더 작은 매장인 베이비 리볼버Baby Revolver도 있다.

뜨끈한 국물이 끝내 주는 정통 일식 집

쿠니스 재패니즈 레스토랑 Kunis Japanese Restaurant

주소 JI. Kayu Aya Oberoi Seminyak, Kerobokan Kelod, Badung, Bali, 80361, Indonesia 위치 리볼버 에스프레소에서 매드 팝스 방면으로 까유 아야(JI. Kaya Aya) 거리 따라 도보 1분 시간 12:00~21:00 가격 59k(라멘), 80k(우동), 116k(스시 6개), 80k(캘리포니아롤) 전화 +62 361-730-501

깔끔한 분위기의 일식 레스토랑이다. 오픈 키친 형식이라 만드는 과정을 직접 볼 수 있고, 북적거리지 않아 여유로운 분위기에서 식사를 할 수 있다. 위치 또한 스미냑 중심에 있어서 편하게 찾을 수 있다. 일식집이지만 롤과 스시는 기대에 못 미치는 편이니 우동, 라멘, 덴푸라(튀김)와 같은 정식 요리를 추천한다.

 줄 서서 먹는 아이스크림 매장
매드 팝스 Mad Pops

주소 Jl. Kayu Aya No.48, Seminyak, Kuta, Kabupaten Badung, Bali 80361 Indonesia 위치 리볼버 에스프레소 옆 블록 시간 10:00~21:00 가격 35k(1가지 맛), 50k(2가지 맛) 홈페이지 madpopsbali.com 전화 +62 813-3777-9122

지나칠 때마다 길게 늘어선 줄에 궁금증을 불러일으키는 곳이다. 스미냑에서 가장 인기 있는 디저트 가게 중 하나로 SNS 핫 플레이스뿐 아니라 맛도 보장되는 곳이다. 힙하고 귀여운 가게 외관부터 시선을 사로잡으며 단연코 스미냑과 잘 어울린다. 게다가 몸에 좋은 홈메이드 비건 아이스크림이라는 점에 두 번 반한다. 단체 관광객의 줄이 굉장히 길기 때문에 줄이 없을 때를 노려서 가는 것을 추천한다. 인기 메뉴는 솔티드 캐러멜과 그린티 맛이다.

 라이브 음악이 있는 흥겨운 스포츠 펍
너바나 레스토랑 앤 바 Nirvana Restaurant & Bar

주소 Jalan Kayu Aya No 50 B, Seminyak, Kuta, Kabupaten Badung, Bali 80361, Indonesia 위치 유 파샤 스미냑 발리 바로 옆 시간 8:00~24:00 가격 80k(버거), 40k(맥주), 150k(시샤) 전화 +62 122-908-859

스미냑 메인 거리에 있어 접근성이 좋으며 음식도 맛있는 편이다. 저녁이 되면 수준급의 라이브 밴드의 공연을 즐길 수 있다. 신청곡을 받으니 듣고 싶은 노래가 있다면 신청해 보자. 또한 스포츠 펍답게 대형 스크린이 있어 월드컵, 올림픽 등의 경기가 있을 때면 흥겹게 시청하면서 저녁 시간을 보낼 수 있다. 연령대는 다양한 편으로 편안한 분위기에서 함께 온 사람들과 여름 분위기를 즐기기 좋다. 가끔 무료 샷shot을 주니 자신이 운이 좋은 편이라면 기대해 보자. 시샤(물담배)도 판매한다.

힙한 사람들의 집합체
라 파벨라 La Favela

주소 Jalan Laksamana Oboroi No.177X, Seminyak, Kuta, Kabupaten Badung, Bali 80561, Indonesia 위치 유 파샤 스미냑 발리에서 까유 아야(Jl. Kaya Aya) 거리 따라 아마데아 리조트 앤 빌라 방면으로 도보 8분 시간 19:00~24:00 가격 135k(시그니처 칵테일), 40k(맥주) 홈페이지 lafavelabali.com 전화 +62 818-0210-0010

감각적이고 세련된 인테리어가 눈길을 사로잡는 곳으로, 최근 스미냑에서 가장 핫한 곳이다. 살바도르 달리에게 영감을 받은 데다 마치 정글을 연상시키는 정원과 연못, 긴 다리까지 더해져 더욱 신비로운 느낌이다. 전 세계에서 끌어모은 빈티지 소품과 오래된 폭스바겐 밴을 개조한 바는 빈티지 러버들이 충분히 환호할 만하다. 라 파벨라 곳곳에 숨어 있는 프리다 칼로의 이미지를 찾는 즐거움도 있다. 오후 11시가 지나면 클럽으로 변신하니 스트레스를 날려 보자. 칵테일 가격은 서비스료가 붙지 않는다.

매콤한 새우구이에 맥주 한잔이 딱인 곳
삼발 슈림프 Sambal Shrimp

주소 Jalan Kayu Aya No.6 Lt.2, Seminyak, Kerobokan Kelod, Kuta Utara, Kabupaten Badung, Bali 80361, Indonesia 위치 까유 아야(Jl. Kayu Aya) 거리로 직진 후 코너 하우스를 왼쪽에 두고 좌회전해 직진 도보 2분 시간 12:00~22:00 가격 55k(삼발 슈림프 100g), 135k(갈릭 버터 슈림프) 홈페이지 www.sambalshrimp.com 전화 +62 878-4622-1700

전통적인 발리식 분위기에 모던함을 가미한 레스토랑으로, 널찍한 실내석과 야외석이 있다. 저녁 식사 시간에 전통 공연을 하는 날이 있으며, 주차 공간이 잘 되어 있어 단체 손님이 오기에도 적합하다. 바람이 솔솔 불어오는 구조라 테라스 자리에 앉는 것을 추천한다. 새우 요리 전문점답게 새우의 맛과 신선도가 뛰어나다. 그러나 특별한 맛까지는 아니기 때문에 큰 기대 없이 가면 좋다. 매콤한 삼발 소스를 발라 노릇하게 구운 새우에 맥주 한잔하면 좋다. 약 400m 거리에 더 케어 데이 스파The care day spa가 있으니 마사지로 몸을 풀어 준 뒤에 오는 것도 추천한다. 추천 메뉴는 단연 삼발 슈림프와 레몬 버터 새우 그리고 별미인 문어구이와 오징어구이이다.

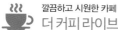

깔끔하고 시원한 카페
더 커피 라이브러리 The Coffee Library

주소 Jl. Laksamana Basangkasa No.50B, Kerobokan Kelod, Kuta, Kabupaten Badung, Bali 80361, Indonesia 위치 너바나 레스토랑 앤 바 맞은편 시간 8:00~16:00 휴무 월요일 가격 30k(카페라테), 40k(밀크셰이크), 75k(수제버거) 홈페이지 thecoffeelibrary.co.id/ 전화 +62 812-3960-6105

도서관을 테마로 한 깔끔하고 창이 탁 트인 카페로, 총 2층으로 되어 있다. 플랜테이션 인테리어가 포인트이며, 여유로운 분위기에 실제로 책을 읽는 사람들이 많다. 커피 외에도 간단한 식사를 판매하는데, 커피류보다는 식사류를 추천한다. 카페라테는 물을 탄 듯한 맛이 나서 아메리카노를 추천한다. 와이파이가 빠른 편이다. 인기 메뉴는 나시고렝, 깔라마리튀김(오징어튀김), 모차렐라 치즈 스틱이다. 저녁 시간에는 맥주를 곁들이기 좋은 분위기다. 스미냑 메인 거리의 중앙에 위치해 휴식을 취하기 좋다.

앤티크한 감성이 넘치는 카페
코너 하우스 Corner House

주소 Jl. Kayu Aya No. 10 A, Kerobokan, Seminyak, Kerobokan Kelod, Kuta Utara, Kerobokan Kelod, Kuta Utara, Kabupaten Badung, Bali 80361, Indonesia 위치 라 파벨라를 등지고 오른쪽으로 까유 아야(Jl. Kayu Aya) 거리 따라 도보 2분 시간 7:00~24:00 가격 40k(콤부차), 40k(롱 블랙), 99k(나시고렝) 홈페이지 www.cornerhousebali.com 전화 +62 361-730-276

코너라는 이름처럼 꺾어지는 길목에 있어 찾아가기 수월하다. 카페는 2층으로 되어 있으며, 천장이 높고 빈티지한 멋이 가득하다. 화장실이 있는 2층은 음료 주문만 가능하며, 커피는 카페 리볼버의 원두를 사용한다. 이곳의 인기 메뉴는 할리우드 여배우들이 즐겨 마시는 건강 음료인 콤부차Kombucha다. 콤부차는 발효된 효모와 과일의 산미, 탄산이 어우러져 시원하다. 홍초와 비슷한 맛으로 더운 날 갈증 해소에 제격이다. 인기가 많아 품절되는 경우가 종종 있으니 미리 시키자. 옐로 주스, 그린 주스와 같은 건강 주스도 인공 시럽을 가미하지 않아 달지 않고 깔끔하다.

합리적인 가격대의 아이템이 가득한 꿈의 공간
밈피 마니스 Mimpi Mannis

주소 Jl. Kayu Aya, Seminyak, Kuta, Kabupaten Badung, Bali 80361 Indonesia **위치** 삼발 슈림프 맞은편
시간 10:00~20:00 **홈페이지** www.mimpimannis.com **전화** +62 813-3931-0087

인도네시아어로 '달콤한 꿈'이라는 뜻의 밈피 마니스는 신발, 의류, 액세서리를 파는 로컬 숍이다. 가격대도
스미낙인 점을 감안하면 합리적인 편이며, 보는 순간 '귀엽다' 소리가 튀어나오는 소품이 많다. 공식 홈페이
지에조차 상품을 설명하는 글이 없지만, 개성 있고 귀여운 아이템들 덕에 이상하게 신뢰가 가는 곳이다. 구
경하는 재미가 쏠쏠하다.

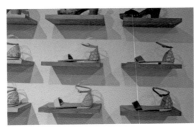

엄마랑 가기 좋은 스파
더 케어 데이 스파 The Care Day Spa

주소 Jl. Raya Kerobokan No.112, Kerobokan Kelod, Kuta Utara, Kabupaten Badung, Bali 80361, Indonesia **위치** 코너 하우스에서 까유 아야(Jl. Kayu Aya) 거리 따라 밈피 마니스 방면으로 직진 도보 5분 **시간** 11:00~21:00 **가격** 410k(딥 티슈 마사지) **홈페이지** www.thecarespa.com/ **카카오톡 아이디** thecarespabali **전화** +62 812-4612-0790

한국인 사장님이 관리하는 곳이라 전반적으로 깔끔하
며, 카카오톡으로도 간단하게 예약이 가능하다. 인근 마
사지 숍 중에서 시설이 가장 깨끗하고, 마사지사들의 압
이 센 편이라 시원한 마사지를 받을 수 있다. 부모님과
함께 가도 괜찮을 스파 숍이다. 마사지할 때 사용하는 오
일이나 보디 제품도 클라란스와 같은 유명 브랜드 제품
만 사용해 믿고 받을 수 있다. 여행 중 피로가 누적돼 강
한 마사지를 받고 싶다면 딥 티슈마사지를 추천한다. 마
사지 후에는 생강차가 제공된다. 또한 샤워 시설이 있어
출국 전 샤워가 가능하다.

 자꾸 생각나는 바비큐 립 전문점
너티 누리스 스미냑 Naughty Nuri's Seminyak

주소 Jalan Mertanadi No. 62, Kerobokan, Seminyak, Kerobokan Kelod, Kuta Utara, Kabupaten Badung, Bali 80361, Indonesia 위치 스미냑 빌리지에서 차로 8분 시간 11:00~22:00 가격 169k(포크 스퀘어 립), 65k(맥 앤 치즈), 40k(망고 탱고) 홈페이지 naughtynurisseminyak.com 전화 +62 361-847-6783

여행자들 사이에 모르는 사람이 없는 너티 누리스 스미냑은 합리적인 가격의, 수제 마약 소스를 바른 바비 큐 립으로 유명한 곳이다. 시내 중심가에서 조금 떨어져 있어 택시, 오토바이로 가는 것을 추천한다. 부드러 운 포크립을 입에 넣는 순간 갈빗대에서 고기만 쏙쏙 분리돼 먹기 편하다. 바비큐 소스는 보통 맛과 매운맛 중 선택이 가능하니 기호에 맞춰 맵게 먹을 수도 있다. 외국인뿐만 아니라 현지인 사이에서도 맛집인 곳으 로 대기 줄이 늘 있지만 회전율이 빠른 편이다. 기다리는 것을 싫어하는 사람은 포장해 가거나 식사 시간을 비켜 가기를 추천한다. 인기 메뉴는 바비큐 포크립과 맥 앤 치즈, 치킨 사테다. 립은 누구나 예상 가능한 맛 이지만 너티 누리스만의 중독성 있는 소스와 고기의 조합으로 두 손을 쪽쪽 빨아먹게 만든다. 우붓에서도 유명한 맛집이지만 우붓보다 규모가 크고 깨끗한 스미냑 지점으로 가기를 추천한다. 최근 가격이 오르고 예 전보다 못하다는 평도 있으니 참고하자.

발리에서 즐기는 스페인 미식 탐방
알마 타파스 바 Alma Tapas Bar

주소 Jl. Pantai Berawa, Canggu, Kec. Kuta Utara, Kabupaten Badung, Bali 80361, Indonesia 위치 핀스 비치 클럽에서 Jl. Pantai Berawa길 북동쪽으로 200m 직진(도보 약 3분) 시간 15:00~23:00 가격 45k(하 몽), 80k(뽈뽀 아 라 플란차), 135k(스테이크) 홈페이지 almatapasbar.com 전화 +62 819-9910-5888

발리에서 느끼는 유럽 감성. 푸르름 가득한 발리 특 유의 플랜테리어가 아닌 고풍스러운 유럽의 분위 기가 느껴지는 스페인 식당으로 우붓에서 색다른 경험을 할 수 있는 곳이다. 가게가 큰 편은 아니지만 아늑한 공간에서 맛있는 음식을 즐길 수 있어 늦게 가면 자리 잡기가 힘들다. '타바스바'라는 이름처 럼 스페인 음식과 주류로 구성되어 있다. 짭짤하면 서도 고소한 하몽이 올려진 타파스부터 스테이크, 파스타까지 메뉴를 고르려면 행복한 고민을 할 수

밖에 없다. 신선한 올리브유를 두른 철판 위에서 구 운 문어 요리인 '뽈뽀 아 라 플란차'는 알마스의 시그니처 메뉴다. 노릇하게 구워진 문어 아래 깔려있는 메쉬 드 포테이토가 부드럽고 고소하게 입맛을 돋군다. 해산물 뿐만 아니라 육즙이 가득한 스테이크도 인기 메뉴 다. 스페인 요리가 다소 기름진 편이기 때문에 산도 높은 와인이나 달콤하면서도 향긋한 상그리아를 곁들이 면 좋다. 주류와 아늑한 분위기를 즐기기 위해서 점심보다는 저녁 방문을 추천한다. 뭔가 아쉽다면 부드러 우면서도 꾸덕한 치즈 케이크로 식사를 마무리해 보자.

여행 중 지친 마음을 채워 주는 한식집
치 비 칩스 Chi B Chips

주소 JI. Petitenget No.15 XX, Kerobokan Kelod, Kuta Utara, Kabupaten Badung, Bali 80316, Indonesia 위치 마이 와룽 파사르 프팃깅에서 스미낙 메디컬 케어(Seminyak Medical Care) 방면으로 직진 후 페티텐겟(JI. Petitenget) 거리로 우회전해 도보 2분 시간 13:00~23:00 가격 49k(찐만두), 89k(비빔밥), 69k(짬뽕) 홈페이지 chi-b-chips.business.site/ 전화 +62 361-934-2778

단지 외국에서 한식을 먹어서가 아니라 그냥 맛있는 집이다. 여행 중 한국 음식이 먹고 싶을 때 생각나는 곳이다. 발리에 한국인 관광객이 상대적으로 많지 않아 괜찮은 한식집이 거의 없는데 치 비 칩스는 그중 눈에 띄게 맛있는 곳이다. 인테리어 또한 촌스러운 한식집을 생각한다면 오산이다. 비빔밥부터 갈비, 삼겹살, 열무국수, 짬뽕까지 다양한 메뉴를 판매하지만 모든 요리의 수준이 평균 이상이다. 만두도 냉동만두가 아니라 직접 빚는다는 점이 놀랍다. 한국에서 어렵게 초빙해 온 셰프 덕에 모든 요리가 고급스러우면서 한식의 고유한 맛이 살아 있다. '그래, 이 맛이지' 소리가 절로 나오는 요리다. 조미료가 듬뿍 들어간 맛이 아니라 엄마가 해 준 듯한 몸에 좋고 감칠맛 도는 맛이 특징이다. 인기 메뉴는 만두, 비빔밥, 짬뽕 그리고 삼겹살이다.

명실상부 스미낙 맛집 1위
아틀라스 키친 앤 커피 Atlas Kitchen & Coffee

주소 Gg. Kecapi No.7, Kerobokan Kelod, Kuta Utara, Kabupaten Badung, Bali 80361, Indonesia
위치 마이 와룽 파사르 프팃킹에서 스미낙 메디컬 케어(Seminyak Medical Care) 방면으로 도보 4분 **시간**
12:00~20:30 **가격** 99k(뇨나 프론 누들), 89k(크리스피 포크 밸리 라이스), 69k(허니 버터 치킨 와플) **홈페이지**
atlas-kitchen-coffee.business.site/ **전화** +62 813-3918-6677

스미낙에서 손에 꼽는 맛집 중 하나로 좁은 골목길에 있어 숨겨진 공간을 찾아낸 듯한 기분이 든다. 파란 색으로 포인트를 주어 꾸민 가게 내부는 현대적이고 깔끔한 분위기다. 아틀라스 키친에서 가장 맛있는 메뉴는 진한 새우 맛이 우러난 국물이 특징인 뇨나 프론 누들이다. 뇨나 요리는 중국과 말레이시아의 문화가 섞여 탄생한 음식으로, 이곳에서 는 로띠를 비롯해 말레이시아 음 식을 많이 찾아볼 수 있다. 게 다가 메뉴 대부분이 70k 선으로 저렴하고 맛이 좋아 여러 가지 메뉴를 시켜도 부담이 없 다. 직원들이 매우 친절하고 깨끗한 실내가 마음에 쏙 드는 가게다.

팬케이크 마니아라면 꼭 가 봐야 할 곳
팻 터틀 Fat Turtle

주소 Jalan Petitenget No. 886 A,, Kerobokan Kelod,, Kuta Utara,, Kerobokan Kelod, Kuta Utara,
Kabupaten Badung, Bali 80361, Indonesia **위치** 몬티고 리조트 스미낙에서 페티텐겟(Jl. Petitenget) 거
리 미니마트(Minimart) 방면으로 도보 2분 **시간** 9:00~17:00 **가격** 60k(레드벨벳 팬케이크), 55k(말차 요구르트 파
르페), 55k(스피니치 앤 머쉬룸), 23k(롱 블랙), 26k(라테) **홈페이지** the-fat-turtle.business.site/ **전화** +62
899-8912-127

레드벨벳 팬케이크가 시그니처 메뉴로, 팬케이크에 포함된 달콤한 바닐라 아이스크림 한 스쿠프가 쫀득하면서도 입에서 사르르 녹는다. 산미가 살아있는 커피 또한 아침 메뉴와 잘 어울린다. 감기 기운이 있거나 비가 오는 날 방문했다면 크리미 머시룸을 추천한다. 수프 같은 느낌으로 고소하고 느끼하지 않아 빵에 찍어 먹으면 몸이 뜨끈해진다. 후식으로는 그래놀라와 요구르트가 함께 나오는 말차 요구르트를 추천한다. 다만, 브런치 메뉴를 주로 제공하는 카페인 만큼 오후 6시면 문을 닫는다. 아침에서 점심 사이에 방문하는 것을 추천한다.

 낮보다 뜨거운 발리의 밤, 비치 클럽
포테이토 헤드 Potato Head

주소 Jalan Petitenget No.51B, Kerobokan Kelod, Kuta Utara, Kerobokan Kelod, Kuta Utara, Kabupaten Badung, Bali 80361, Indonesia 위치 몬티고 리조트 스미냑 옆 타투(Tattoo) 숍을 끼고 좌회전 후 직진 도보 7분 시간 10:00~24:00 홈페이지 www.ptthead.com 전화 +62 361-473-7979

일명 감자 머리라 불리는, 석양이 아름답기로 유명한 포테이토 헤드다. 개방형 비치 클럽으로 2010년에 오픈한 뒤 발리의 나이트라이프를 더욱 신나게 만들어 주는 곳이다. 옆 동네 꾸따에서도 이곳에 오기 위해 택시를 찾는 행렬이 줄을 잇는다. 발리를 찾은 여행자들이 모두 모이는 핫 플레이스로 가격대가 높은 편이라 현지인보다는 관광객들이 주를 이룬다. 수영장과 마주보는 바다의 파도 소리에 맥주가 절로 넘어가니 시원한 풀에서 몸을 적신 뒤 데이 베드에 누워 이곳의 분위기를 즐겨 보자. 데이 베드 사용을 원할 경우 미리 예약하면 대기할 필요 없으며, 예약 시 주문 최소 금액은 500k다. 맥주 선택이 고민된다면 이곳에서만 맛볼 수 있는 스탁 비어Stark Beer 망고 맛을 추천한다. 입장료는 무료이나 자리마다 가격이 다르다. 예를 들어 5만 원, 10만 원 이상 주문 시 앉을 수 있는 자리가 있고 해당 가격 만큼 주류 및 음식 메뉴를 주문 가능하다.

짱구에서 제일 유명한 브런치 카페
더 아보카도 팩토리 The Avocado Factory

주소 Jl. Pantai Batu Mejan, Canggu, Kec. Kuta Utara, Kabupaten Badung, Bali, Indonesia 위치 이스틴 리조트 짱구에서 Jl. Munduk Catu 길을 따라 북동쪽으로 약 290m 직진 후 좌회전해서 45m 직진 후 우회전(도보 4분) 시간 7:00~23:00 가격 75k(아보 치즈 크로와상), 75k(아보 팬케이크), 65k(에그 산도) 전화 +62 813-3738-2521

언제부터였을까? 아보카도 샌드위치, 샐러드 등 특유의 고소한 맛과 식감 덕에 브런치 카페의 스테디셀러로 자리 잡은 아보카도. 아보카도 팩토리는 모든 메뉴에 아보카도가 포함되어 있어서 아보카도를 좋아하는 사람이라면 꼭 가봐야 하는 곳이다. 아보카도 모양의 귀여운 간판과 건물 외관에 자리 잡은 푸릇푸릇한 식물 덕분에 외관부터 기대감을 높인다. 카페는 총 2층으로 이루어져 있고 짱구 지역에서 힙한 브런치 카페인만큼 점심시간에 사람이 가장 많다. 인기 메뉴는 치즈 크로와상과 에그 베네딕트, 아보카도 팬케이크 등이다. 잘익은 부드러운 아보카도에 포슬포슬한 계란과 아

보카도가 같이 나오는 치즈크로와상에 베이컨을 추가하는 것도 좋다. 든든한 식사를 하고 싶다면 에그산도나 샥슈카(에그 인 헬)을 추천한다. 각종 허브와 양파, 파프리카, 리코타 치즈가 진한 토마토와 어우러져 살짝 매콤하다. 참고로 아보카도 팩토리에서 쓰는 아보카도는 모두 발리산이다. 우리에게는 주로 멕시코 등 라틴 아메리카의 아보카도가 익숙하지만 발리에서 아보카도가 자라기 때문에 로컬 제품을 쓰는 것도 이곳만의 특징이다.

센스 있는 옷을 위한 편집 숍 겸 레스토랑
네온 팜스 Neon Palms

주소 Jalan Laksmana No.66B, Seminyak, Kuta, Kabupaten Badung, Bali, Indonesia 위치 클린 칸틴 발리에서 까유 아야(Jl. Kaya Aya) 거리 방면으로 직진 도보 3분 시간 8:00~22:00 가격 95k (아보카도 온 토스트), 75k (바나나 팬케이크), 30k(롱 블랙) 홈페이지 www.neonpalms.com 전화 +62 813-5379-4644

1층은 편집 숍, 2층은 레스토랑 겸 바인 네온 팜스는 사랑스럽고 귀여운 인테리어 자체가 포토제닉한 곳이다. 2층의 레스토랑은 음식을 잘하는 편이 아니므로 옷 가게만 둘러볼 것을 추천한다. 눈에 띄는 도트 무늬부터 심플한 의류까지 다양한 옷이 있으며, 비치 원피스도 여러 종류가 있어 미처 휴양지 룩을 준비하지 못했다면 이곳에서 골라보는 것도 좋다. 입구의 네온 팜스 사인은 기념사진을 많이 찍는 장소다. 쨍한 핫 핑크 색상을 활용한 외관 인테리어와 1층을 빼곡하게 채운 제품들은 패션에 관심이 없는 사람에게도 호기심을 끌기에 충분하다.

 완벽한 데이트를 위한 로맨틱 레스토랑
브리즈 앳 더 사마야 Breeze at The Samaya Seminyak

주소 Jl. Laksamana Basangkasa, Seminyak, Kuta, Kabupaten Badung, Bali 80361, Indonesia 위치 킴 수 맞은편 시간 7:00~22:00 가격 245k(시푸드 파에야), 310k(연어 스테이크) *서비스료 및 택스 미포함 홈페이지 seminyak.thesamayabali.com/experience/dining/?id=2&v=0 전화 +62 361-731-149

분위기 있는 데이트를 원하는 커플이나 특별한 기념일을 축하하고 싶은 연인이라면 꼭 가 봐야 할 곳이 있다. 사마야 호텔에서 운영하는 브리즈는 발리의 바다가 보이는 곳에서 선셋을 즐기며 식사할 수 있는 레스토랑이다. 1년 365일 파란 발리의 하늘과 햇살 그리고 바다를 코앞에 두고 사랑하는 사람들과 식사할 수 있는 것만으로도 재충전의 시간이 될 것이다. 다른 레스토랑과 비교해 특색 있는 메뉴는 없지만, 로맨틱한 분위기 하나는 발리 최고인 만큼 기념일이거나 연인과 오붓한 시간을 보내고 싶을 때 찾으면 절대 실망하지 않을 것이다. 해변이 보이는 자리는 특히 인기가 많아 주중에도 만석이니 미리 예약하고 가는 것이 좋다. 사마야 호텔에서 운영하는 만큼 서비스, 청결, 부대시설 또한 걱정할 필요 없다. 인기 메뉴는 시푸드 파에야와 스테이크, 나시고렝이다. 주류 중에서는 모히토가 달지 않고 맛있으니 모히토 한잔과 함께 선셋을 보며 여유롭게 발리를 즐겨 보자.

킴 수 Kim Soo

생활 소품 쇼핑 + 브런치가 가능한 곳

주소 Jl. Kayu Aya No.21, Kerobokan Kelod, Kuta Utara, Kabupaten Badung, Bali 80361, Indonesia **위치** 네온 팜스 옆 블록 **시간** 8:00~17:30 **가격** 68k(프렌치토스트), 68k(팬케이크), 29k(아메리카노) **홈페이지** kimsoo.com **전화** +62 822-4713-0122

편집 숍이자 카페인 이곳은 쇼핑할 곳 많은 스미냑에서도 꼭 가 봐야 할 곳으로 관광객들에게 이미 유명하다. 고급 부티크를 떠올리게 하는 외관에 저절로 발걸음이 향하고, 카페 내부 또한 사진 찍고 싶은 곳으로 가득하다. 실제로 쇼핑몰 모델들이 발리에 오면 자주 대관해 촬영을 하는 장소이기도 하다. 생활용품, 쿠션 커버, 가방, 도마부터 라탄 코스터까지 구매할 수 있으며 러스틱한 테마의 소품이 많다. 홈 & 리빙 콘셉트의 인테리어 숍이지만 한편에서는 커피와 브런치를 팔아 휴식도 취하고 사진도 찍기 좋은 장소다. 인기 메뉴는 브런치와 허밍버드 케이크다. 생활 소품은 가격대가 있는 편이지만 식음료는 합리적인 편으로 뜨거운 발리의 햇빛을 피해 여유를 즐기기 좋다.

발리를 즐기는 색다른 방법, 쿠킹 클래스
니아 쿠킹 클래스 Nia Cooking Class

주소 Kayu Aya Squqre No., Jl. Kayu Aya No.19, Kuta Utara, Kabupaten Badung, Bali 80361, Indonesia 위치 스미냑 빌리지에서 스타벅스 방면으로 까유 아야(Jl. Kayu Aya) 거리를 따라 직진 도보 6분 시간 8:30~13:30 가격 USD 42(약 47,161원, 1인당) 홈페이지 www.cookly.me/ko-kr/ 전화 +62 877-6155-6688

발리 대표 음식을 내 손으로 만들어 보자. 쿠킹 클래스는 편안하고 신나는 분위기 속에서 8~12명 정도의 인원이 발리니스 요리를 만들어 보는 체험 활동이다. 나시고렝, 른당, 사테 등과 같은 발리의 다양한 전통 요리를 만들고, 인도네시아 식재료에 대한 역사와 특징을 톡톡히 알아 갈 수 있다. 수업은 영어로 진행되며, 수업 시간 동안 만든 요리를 함께 맛보고 인증서를 받으면 마무리된다. 예약하는 수업마다 다르지만 보통 오전 8시 30분 호텔 픽업을 시작으로 오후 1시쯤 끝나는 일정으로 5시간 정도 소요된다. 인원이 모두 모이면 현지인들이 장을 보는 시장으로 향한다. 시장에서는 현지 재료별 특징, 맛, 용도의 설명을 듣는다. 그 후 요리하는 장소로 돌아와 기본적인 재료 손질부터 마무리까지 하게 된다. 조리 과정 후에는 다 같이 모여 디저트를 포함한 9개의 요리로 점심 식사를 한다. 여행자들끼리 이야기도 나누고, 요리라는 활동을 통해 친목을 다질 수 있다.

점잖은 비치 클럽
쿠데타 발리 Ku De Ta Bali

주소 Jl. Kayu Aya No.9, Seminyak, Badung, Bali, 80361, Indonesia 위치 스미냑 빌리지에서 스타벅스 방면으로 까유 아야(Jl. Kayu Aya) 거리를 따라 직진 도보 9분 시간 18:00~24:00 가격 140k(모히토), 180k(더 올드 부트 피자), 100k(핫도그) 홈페이지 www.kudeta.com 전화 +62 361-736-969

스미냑의 또 다른 비치 클럽으로, 포테이토 헤드보다는 덜 붐비는 곳이다. 아담한 수영장과 파도가 밀려오는 바다가 보이는 선 베드에 앉을 수 있고, 넓은 규모의 레스토랑과 바가 있어 저녁 식사를 하기에도 좋다. 가격대는 다소 높은 편이지만 차분한 분위기에서 선셋을 감상할 수 있다. 가족 단위 혹은 연인끼리 오붓하게 오는 경우가 많다. 저녁 늦게 가면 오히려 사람이 적어서 신나는 분위기를 기대한다면 포테이토 헤드를 추천한다.

베트남 음식에 프랑스 감성이 더해진 곳
보 앤 번 Bo & Bun

주소 Jalan Raya Basangkasa No. 26, Seminyak, Br. Basangkasa, Seminyak, Kuta, Seminyak, Kuta, Kabupaten Badung, Bali 80361, Indonesia 위치 코너 하우스에서 미니마트 (Minimart) 방면으로 직진 후 포 온 드루파디(Four On Drupadi) 옆 골목을 빠져나와 우회전 후 라야 바상카 사(Jl. Raya Basangkasa) 거리 따라 도보 2분 시간 10:00~23:00 가격 115k(12시간 포), 103k(치킨 앤바 질볶음밥), 114k(모히토) 홈페이지 eatcompany.co/boandbun 전화 +62 859-3549-3484

베트남에서 인생 쌀국수를 만나다. 동서양 여행객을 막론하고 인기가 많은 집으로 진하고 담백한 국물의 쌀국수가 유명하다. 로맨틱한 프랑스 레스토랑 인테리어에 베트남 음식을 더한 곳으로, 현지에서 키운 재료를 사용해 음식을 만든다. 12시간에 걸쳐 끓인 육수에 두꺼운 면을 사용한 쌀국수가 이곳의 대표 메뉴다. 반미보다는 웍Wok 메뉴의 치킨 앤 바질볶음밥을 추천한다. 연유가 들어간 베트남 커피와 저녁 시간에 즐기는 칵테일도 인기다.

같은 상품도 저렴하게 구매할 수 있는 곳
빈땅 슈퍼마켓 스미냑 Bintang Supermarket Seminyak

주소 Jl. Raya Seminyak No.17, Seminyak, Kuta, Kabupaten Badung, Bali 80361, Indonesia 위치 보 앤 번을 등지고 왼쪽으로 직진 도보 10분 시간 8:30~21:00 홈페이지 bintangsupermarket.com 전화 +62 361-730-552

현지 슈퍼마켓 체인으로, 식당도 물가도 다른 지역에 비해 조금씩 비싼 스미냑에서 물건을 저렴하게 살 수 있는 곳이다. 총 2층으로 되어 있어 규모가 제법 크며, ATM, 유심 칩, 생필품, 빵 등 웬만한 것을 한 번에 해결할 수 있다. 현지인들도 자주 찾는 슈퍼마켓으로, 귀국 전 소소한 선물을 사기 좋다. 까르푸 슈퍼마켓이 거리가 멀어 고민되는 여행객들이라면 접근성이 좋은 빈땅 슈퍼마켓을 이용하는 것도 추천한다.

화사한 분위기에서 티타임을 즐길 수 있는 곳
폴리 키친 앤 파티세리 Folie Kitchen & Patisserie

주소 Jl. Subak Sari No.30a, Canggu, Kuta Utara, Kabupaten Badung, Bali 80361, Indonesia 위치 핀스 비치 클럽에서 차로 7분, 까유 뿌띠(Kayu Putih) 해변 근처 시간 12:00~22:00 가격 86k(프로피트롤), 68k(크로크무슈), 48k(바닐라 밀푀유) 홈페이지 foliebali.com 전화 +62 361-934-8861

스미냑에서 짱구로 가는 길에 있는 이곳은 예쁜 카페를 좋아하는 사람들의 취향을 제대로 저격하는 곳이다. 커다란 플라타너스 나무와 꽃이 어우러진 정원의 외관부터 느낌이 올 것이다. 맛뿐만 아니라 가격도 합리적이기 때문에 예쁜 카페에서 사진을 찍고 싶은 사람들은 무조건 가야 하는 곳이다. 보이는 인테리어뿐 아니라 디테일에도 신경을 많이 써서 화장실 또한 호텔을 연상시킬 만큼 깨끗하고 고급스럽다. 인기 메뉴는 패션 프루트 타르트Passion Fruit tart와 바닐라 밀푀유Millefeuille vanilla로 진한 커스터드 크림과 부드러운 파이시트에 차를 기울이면 오후의 기분이 절로 좋아질 것이다. 20만 루피아 이상 결제 시 뒤쪽에서 사진을 찍을 수 있는데 카페 내부도 세련되기 때문에 굳이 추천하지는 않는다. 새로 생긴 애프터눈 티 세트도 추천 메뉴다.

 긴장 풀고 하루 종일 놀기 좋은 곳
핀스 비치 클럽 Finns Beach Club

주소 Jl. Pantai Berawa, Tibubeneng, Kuta Utara, Kabupaten Badung, Bali 80361, Indonesia 위치 쩡구 해변에서 차로 약 20분 시간 10:00~24:00 가격 125k(시그니처 칵테일), 185k(나초 그란데) 홈페이지 www.finnsbeachclub.com(데이 베드 등 예약 가능) 전화 +62 361-844-6327

파도 좋기로 유명한 브라와Berawa 바다 바로 앞에 있는 비치 클럽이다. 이국적이고 시원한 대나무를 활용한 인테리어로 황홀한 선셋은 물론 수영과 서핑까지 즐길 수 있다. 오전 9시에 오픈하기 때문에 하루 종일 놀기 좋으며, 30m 가까이 뻗어 있는 인피니티 풀이 입장과 동시에 눈길을 사로잡는다. 보통 오후 1시 이후부터 사람이 많아진다. 바다 바로 앞의 데이 베드는 수건이 포함돼 있으며, 1인당 최소 250,000Rp 이상 소비 시 사용 가능하다. 식사 종류로는 인도네시아 음식부터 서양 음식까지 있으며, 칵테일을 비롯해 주류 종류도 선택지가 많다. 그중 알코올 향이 강하지 않고 상큼한 상그리아와 할리우드 버블을 추천한다. 음식 메뉴 중에서는 치즈 피자cheese pizza와 나초Nachos를 추천한다. 실제로 가족 단위로 찾는 여행객도 많고, 키즈 메뉴가 있어 아이를 데려가도 걱정 없이 즐길 수 있다. 젤라토 시크리트라는 현지 아이스크림 브랜드가 입점해 있어서 시원한 젤라토를 먹을 수 있다. 수영 후에는 온수 샤워가 가능한 샤워실을 이용할 수 있으나 샤워실이 두 곳밖에 없으니 해가 진 후에는 대기 시간이 길 수 있다는 점을 참고하자.

최근 서핑 트립으로 인기몰이 중인 곳
짱구 해변(바뚜 볼롱 비치) Canggu Beach(Batu Bolong Beach)

주소 Jl. Batu Bolong, Canggu, Indonesia 위치 애스턴 짱구 비치 리조트에서 해변 방면으로 도보 1분

짱구 해변은 스미냑에서 따나 롯 사원이 있는 따바난 지역의 경계 바다까지를 말한다. 바뚜 볼롱, 에코 해변이라 부르는 해안이 포함돼 있다. 파도가 좋은 서핑 장소로 유명하며 호객 행위가 없어 비치 수건을 깔고 누워 쉴 수 있는 곳이다. 또한 바다 근처에는 카페와 식당이 많아 서핑 전후로 허기를 채우거나 휴식을 취할 수 있다. 최근 서핑 트립으로 가장 인기 있는 지역으로, 서퍼들이 많이 몰려들고 있다. 짱구 해변은 말을 타고 해변을 돌아보는 홀스 라이딩으로도 유명하다.

마음의 안정을 찾을 수 있는 곳
더 프랙티스 The Practice

주소 Jl. Pantai Batu Bolong No.94, Canggu, Kuta Utara, Kabupaten Badung, Bali, Indonesia 위치 짱구 해변에서 판타이 바뚜 볼롱(Jl. Pantai Batu Bolong) 거리진 직진 도보 5분 시간 7:00~20:00 가격 130k(1회), 550k(5회) 홈페이지 www.thepracticebali.com 전화 +62 812-3670-2160

요가로 유명한 우붓이 아닌 짱구에도 좋은 평을 받는 요가 센터가 있다. 더 프랙티스는 요가 반과는 다른 분위기로 현대적이고 쾌적하다. 탄트라, 하타와 같은 전통 요가에 집중하는 스튜디오로 입구부터 신발을 벗고 들어가기 때문에 한결 편안한 느낌이다. 내부는 수강 신청을 받는 카운터를 시작으로 1층은 앉아 쉴 수 있는 공간, 화장실, 샤워실, 2층은 수업을 듣는 공간으로 구성돼 있다. 수업을 듣기 위해서는 30분 전쯤 미리 가서 결제하면 된다. 돌돌

말린 비밀스러운 계단을 따라 올라가면 수업을 듣는 곳이 나온다. 계단부터 발리 특유의 은은한 향내가 어우러져 건강해지는 느낌이다. 이곳의 특징은 건물 2~3층 가까이 되는 높다란 대나무 천장이 시원스럽게 뻗어 있다는 점이다. 덕분에 명상을 하거나 요가 자세 중 사바사나savasana 자세(누워서 완전히 이완하는 자세)를 할 때도 마음의 안정감을 준다. 요가 매트, 볼, 볼스터 등이 잘 구비되어 있으며 청결하게 관리되고 있다. 수업이 끝난 후에는 1층에서 따뜻한 생강차를 마시며 세계 각국의 여행자들과 친구가 될 수 있다. 홈페이지에서 수업 시간표를 확인할 수 있으니, 듣고 싶은 수업이 있다면 확인한 후 가는 것이 좋다.

쫄깃쫄깃 화덕에 갓 구운 피자 맛집
피자파브리카짱구 Pizza Fabbrica Canggu

주소 Jl. Pantai Batu Mejan, Canggu, Kec. Kuta Utara, Kabupaten Badung, Bali 80351, Indonesia
위치 이스틴 짱구 리조트에서 Gg.Darma 방면 북동쪽으로 290m 직진 후 좌회전하여 약 45m 직진 시간
10:00~23:45 가격 85k(콰트로 포르마지오), 75k(페퍼로니) 전화 +62 819-9933-0880

모던하면서도 빈티지한 인더스트리얼 디자인의 피자 파
브리카는 친구와 편안하게 수다 떨기 좋은 곳이다. 층고
가 높아 개방감 있는 구조로 편안한 테라스 자리가 인기
다. 특유의 얇고 바삭한 도우로 짱구에서 가장 맛있는 피
자집으로 알려져 있다. 화덕에 구워 바삭하면서도 고소한
밀향이 풍기는 피자를 종류 별로 즐길 수 있다. 도우가 얇
은 편이라 1인 1피자가 충분히 가능하고, 추천하는 메뉴
는 페퍼로니와 풍기 피자다. 기본에 충실한 도우와 치즈
그리고 짭쪼름한 페퍼로니 토핑은 겉으로 보기엔 별거 없어 보이지만 먹어 보면 분명 다른 곳과 다르다는
것을 느낄 수 있다. 피자 외에도 깔조네나 피자 도우로 만든 샌드위치도 인기 메뉴다. 1층보다는 2층이 더
분위기가 좋아서 주문하고 위로 올라가서 자리를 잡는 것도 좋다. 혹은 비가 오는 날이나 우기에는 숙소에
서 고젝gojek을 통해 배달 시키는 것도 한 가지 방법이다.

여심을 제대로 저격하는 카페
코코모 짱구 Cocomo Canggu

주소 Jl. Pantai Batu Bolong No.91, Canggu, Kuta Utara, Kabupaten Badung, Bali 80351, Indonesia
위치 더 프랙티스에서 해변 방면으로 도보 1분 시간 8:00~16:00 휴무 일요일 가격 45k(크로와상), 55k(스무디 보
울), 30k(롱 블랙) 홈페이지 cocomocanggu.business.site 전화 +62 823-3950-0579

2017년에 문을 연 레스토랑 겸 카페로, 다양한 채식 메뉴와 커피, 건강 주스를 맛볼 수 있다. 코코모 카페의 모
든 음식은 현지에서 재배되는 유기농 채소와 소스를 이용하며, 키즈 메뉴도 있어 아이와 함께 찾기
에도 좋다. 무엇보다 가장 큰 장점은 분위기, 인테리어, 음악 삼박자가 여성들 취향을 제대로 저
격한다는 것이다. 커피 한잔하며 여유를 즐기기도 좋고, 사진 찍기도 좋은 곳이다. 커피 맛도 훌
륭하며, 라테 아트가 수준급이다. 추천 메뉴는 치킨 나초와 플랫 화이트다. 짱구 거리를 걷다가
눈 돌아가는 인테리어 덕에 곧 SNS상 핫 플레이스가 될 것같은 예감이다.

©인도네시아관광청

발리 사람들이 가장 좋아하는 해상 사원
따나 롯 사원 Tanah Lot Temple

주소 Beraban, Kediri, Tabanan Regency, Bali 8217, Indonesia 위치 짱구 해변에서 차로 약 27분 시간 6:00~19:00 요금 60k(어른), 30k(어린이) 전화 +62 361-880-361

발리 3대 사원 중 하나로 '따나'는 땅, '롯'은 바다, 즉 '바다 위의 땅'이라는 뜻이다. 덴파사르에서 약 20km가량 떨어져 있으며, 사원이 지어진 바위는 세월에 깎이고 깎인 모양이다. 현지인들이 가장 좋아하는 사원이기도 한 따나 롯 사원은 발리 힌두교에서 매우 중요한 역할을 맡고 있다. 힌두교에는 3대 신인 브라흐마, 비슈누, 시바를 모시는 3개의 사원이 북부, 중부, 남부에 나누어져 있는데, 따나 롯 사원은 이중 파괴의 신인 시바를 상징한다. 사원 옆의 동굴에는 바다로부터 오는 악령을 쫓는 바다뱀 신이 모셔져 있다. 발리의 힌두 문화 창시자인 고승 니라타Nirata가 16세기경 발리에 건너와 이곳 따나 롯의 아름다움에 반해 머물렀는데, 떠날 때가 되자 아쉬워 지금의 사원을 지었다고 한다. 그 당시 지어진 사원의 모습이 현재 발리 사원 건축 양식의 근간이 되고 있어 더욱 중요한 사원이다. 시간에 상관없이 멋진 풍경을 자랑하지만 수면 위로 번지는 노을이 사원의 배경이 될 때 가장 아름답기로 유명하다. 하루에 수백만 명의 관광객이 찾으며, 엽서의 배경으로도 자주 등장한다.

 분위기와 맛있는 음식이 여행객을 유혹하는 곳
데우스 엑스 마키나 짱구 Deus Ex Machina Canggu

주소 Jl. Batu Mejan No.8, Canggu, Kuta Utara, Kabupaten Badung, Bali 80361 Indonesia 위치
더 프랙티스에서 해변 반대편으로 직진 후 바뚜 메잔(Jl. Batu Mejan) 거리로 코너를 돌아 직진 도보 3분 시간
8:00~23:30 가격 180k(티본 스테이크), 90k(데우스 버거), 60k(치킨 윙) 홈페이지 deuscustoms.com 전화
+62 811-388-150

데우스 또는 열정의 사원Temple of Enthusiasm으로 불리는 이곳은 2005년 호주에서 커스텀 바이크 브랜
드로 시작해 바이크, 의류, 서핑 보드 제작 및 이벤트 등을 운영하는 브랜드 데우스가 시드니, LA, 밀라노 등
에 이어 발리에 낸 지점이다. 짱구 초입에 자리한 데우스는 단순히 위치가 좋아서 늘 사람들로 북적거리는
것이 아니다. 오래 있어도 좋을 것 같은 분위기와 맛있는 음식이 여행객을 끌어당긴다. 또한 매주 일요일에
열리는 라이브 밴드의 나이트 파티는 많은 사람이 즐기는 공연으로, 짱구 스타일의 분위기를 즐기기 좋다.
음식은 인도네시아 전통 음식보다 서양식이 맛있다. 음료는 커피부터 칵테일까지 다양하나 저녁에 운영하
는 빈땅 맥주 1+1 기회를 노려 보자. 추천 메뉴는 두툼한 소고기 패티의 데우스 커스텀 버거와 호주식 티본
T-bone 스테이크다. 특히 300g이나 되는 스테이크는 육즙이 고소하다. 메뉴판에 적힌 가격이 택스 포함인
점을 감안하면 가격도 착한 편이다. 레스토랑 바로 옆에 오토바이, 서핑용품, 의류를 판매하는 숍이 있어 식
사 전후로 구경하는 것도 추천한다.

짱구의 문화 아이콘
플리마켓 Flea Market

주소 JI. Pantai Batu Bolong No.56, Canggu, Kuta Utara, Kabupaten Badung, Bali 80351, Indonesia
위치 데우스 엑스 마키나 짱구에서 판타이 바뚜 볼롱(JI. Pantai Batu Bolong) 거리로 우회전 후 70m 직진해 러브
안초르(Love Anchor) 카페 앞 **시간** 10:00~17:00(토~일)

짱구에서 서핑 말고 유명한 것 중 하나가 플리마켓
이다. 주말에만 열리기 때문에 하나의 문화 체험이
자 짱구에 왔다면 필수로 가 봐야 하는 여행 코스다.
짱구 골목 초입에 있고 늘 여행객들로 북적거리는
플리마켓은 핸드메이드 액세서리, 실버 주얼리부
터 근처 편집 숍에서 비싸게 판매 중인 수영복 또한
거의 절반 가격으로 구매할 수 있는 기회이다. 다만,
주얼리류나 나무 그릇은 가격 뻥튀기가 있으니 흥
정할 것을 추천한다. 우붓 시장과는 다르게 정돈이
잘 되어 있고 상품의 상태도 깨끗한 편이다. 여행 중
소소한 즐거움을 느낄 수 있는 곳으로, 대형 시장은
아니지만 마을 주민들과 짱구를 찾는 관광객들이
기분 좋게 주말을 보낼 수 있는 방법 중 하나다.

Tip. 올드 맨스 마켓 Old Man's Market
매주 주말마다 열리는 플리마켓과는 달리 매달 마지막 토요일에 올드 맨스 레스토랑에서 주최하는 플리마켓
이다. 지역 상인들이 직접 만든 수공예품, 빈티지 옷, 직접 만든 식재료들을 판다. 또한 한쪽에서는 현지 농부들
이 재배한 신선한 야채와 함께 홈메이드 브라우니와 같은 디저트도 판매하기 때문에 늘 인기가 많은 마켓이다.

뉴질랜드에서 온 고소하고 바삭한 파이 맛집
아이 메이크 더 파이즈 I Make The Pies

주소 Jl. Tanah Barak No.8, Canggu, Kec. Kuta Utara, Kabupaten Badung, Bali 80351, Indonesia 위치 이스틴 리조트 짱구에서 Jl. Munduk Catu 길을 따라 북동쪽으로 약 290m 직진 후 Jl. Batu Mejan Canggu로 약 400m 직진(도보 약 11분) 시간 7:00~20:00 가격 65k(스테이크 앤 머쉬룸 파이), 42k(초코퍼지 브라우니) 홈페이지 https://www.imakethepies.com 전화 +62 813-8181-8025

고소한 뉴질랜드식 미트파이를 맛볼 수 있는 곳이다. 진한 미트파이의 향기가 침샘을 자극하는 곳으로 뉴질랜드 출신 주인장이 팜유, 마가린, MSG 및 일체 인공적인 재료를 쓰지 않고 오픈키친에서 모든 디저트를 수제로 만든다. 호주 및 뉴질랜드 등에서 즐겨 먹는 미트파이는 주로 다진고기와 걸쭉한 그레이비 소스를 넣어 만든다. 속재료로는 소고기, 양고기, 닭고기, 채소 등을 다양하게 넣어 만든다. 'I Make The Pies'의 미트파이는 통째로 들어간 고기 덕에 씹는 맛도 좋고 포만감도 높다. 추천 메뉴는 스테이크 앤 치즈 혹은 스테이크앤 머쉬룸이다. 다소 짭짤한 편이지만 부드러운 고기에 진한 치즈와 버섯의 만남이 바삭한 파이와 잘 어우러진다. 따뜻하게 구워져 나올 때 바로 먹으면 바삭한 파이 크러스트와 육즙 가득한 속재료가 잘 어울린다. 함께 먹기 좋은 메뉴는 플랫 화이트와 신선한 샐러드다. 테이크아웃할 경우, 냉장고에서는 약 4일 정도 보관할 수 있다.

로브스터 롤에 반하게 되는 곳
로브스터 Lovster

주소 Jl. Pantai Batu Bolong No.35A, Canggu, Kuta Utara, Kabupaten Badung, Bali 80361, Indonesia 위치 짱구 해변에서 차로 8분 시간 8:00~다음 날 2:00 가격 225k(포세이돈 롤), 225k(아즈텍 타코) 홈페이지 www.lovster.id 전화 +62 812-3779-9492

로브스터는 구워만 먹는다는 편견을 버리자. 로브스터는 뉴욕에서나 볼 법한 로브스터 롤, 타코 등의 스트리트 푸드를 파는 작은 푸드 트럭이다. 상호명에서부터 느낄 수 있듯이 메인 메뉴는 로브스터 롤이다. 버터를 발라 구워 바삭하고 고소한 빵에 신선한 로브스터 한 마리가 인심 좋게 들어가 있다. 통통하게 살이 오른 로브스터와 마요네즈의 조합, 거기에 레몬즙을 살짝 뿌려 먹으면 부러울 것이 없다. 로브스터 맛이 날까 고민할 새도 없이 한입 넣자마자 탱글탱글한 식감까지 제대로다. 근방의 호텔은 배달도 가능하니 편하게 즐길 수 있다. 로브스터 바로 옆의 맥주 가게에서 시원한 맥주를 하나 사서 로브스터 롤과 함께 먹는 것도 좋다. 인기 메뉴는 단연 포세이돈 롤이다. 슈림프 롤과 감자튀김을 곁들여 먹는 것도 추천한다.

짱구의 대표 대형 마트
페피토 마켓 바뚜 볼롱 Pepito Market-Batu Bolong

주소 Jl. Raya Canggu, Kerobokan, Kuta Utara, Kabupaten Badung, Bali 80361, Indonesia 위치 짱구
해변에서 차로 5분 시간 7:00~22:00 홈페이지 www.pepitosupermarket.com 전화 +62 887-3803-850

짱구에서는 편의점이나 미니 마트조차 찾기 어렵다. 짱구 일대에 있는 대형 마트 중 가장 가까운 곳이다. 과
일, 야채뿐 아니라 마트 내에 베이커리가 있으며 한국 라면과 소주도 구할 수 있다. 깔끔하고 장을 보기 좋게
진열돼 있으며 가격도 합리적인 편이다. 또한 서양 관광객들이 많이 찾기 때문에 다양한 종류의 차, 커피 등
수입 품목을 구입할 수 있다.

짱구에서 뜨는 핫 플레이스
프리티 포이즌 Pretty Poison

주소 Jalan Subak Canggu, Canggu, Kuta Utara, Canggu, Kuta Utara, Kabupaten Badung, Bali
80361 Indonesia 위치 데우스 엑스 마키나 짱구에서 늘라얀(Jl. Nelayan) 거리로 직진 후 보야거 카페(Voyagr
Cafe) 방면으로 좌회전해 도보 4분 시간 16:00~24:00 가격 30k(맥주) 홈페이지 prettypoisonbar.com/
home/ 전화 +62 812-4622-9340

2017년 여름에 오픈하자마자 핫 플레이스로 등극
해 짱구에서 꼭 한 번 가 봐야 할 곳 중 하나가 된 프
리티 포이즌이다. 날을 제대로 골라 갔다면 끝내 주
는 분위기에서 스케이트보더들을 지켜보며 발리의
분위기를 즐기고 춤도 출 수 있다. 스케이트보드장
옆에 야외석과 라이브 밴드가 있고, 실내석이 있는
데 주로 보드장 옆에서 흥겹게 즐기는 분위기다. 매
주 화요일과 목요일에 스케이트 배틀이 있다. 한국
에서는 접할 수 없는 분위기의 펍으로 짱구에 간다
면 꼭 한번 가 보길 추천한다. 스케이트보드 대회나
이벤트가 있는 매주 화요일, 목요일, 토요일에 방문
하는 것을 추천한다.

요가, 비건 푸드, 선데이 마켓까지 총집합

사마디 발리 Samadi Bali

주소 Jl. Padang Linjong No.39, Canggu, Kec. Kuta Utara, Kabupaten Badung, Bali 80361, Indonesia **위치:** 페피토(Pepito) 마트에서 까유 마니스(Jl. Kayu Manis) 거리 방면 북쪽으로 직진 후 좌회전해 350m 직진(도보 10분) **시간** 7:00~21:00 **가격** 140k(원 데이 클래스), 66k(프루트 볼), 105k(팔라펠 볼) **홈페이지** samadibali.com **전화** +62 812-3831-2505

물소리를 들으며 하는 요가 수업, 유기농 비건 푸드, 이어진 리조트까지 자신에게 본격적으로 집중하는 시간을 가지고 싶다면 사마디 발리에 한 번은 가 봐야 한다. 게다가 최근 가장 힙한 공간이기도 하다. '사마디'는 아쉬탕가 요가의 8단계 중 마지막 단계로 '지고의 존재와의 합일'을 의미한다. 센터의 이름처럼 사마디 요가는 아쉬탕가 요가에 특히 강한 곳이다. 요가 아카데미가 있어 원 데이 클래스 외에도 200시간 지도자 과정을 수련할 수도 있다.

오전 8시부터 문을 여는 사마디 키친 랩에서는 유기농 채식을 맛볼 수 있다. 로컬 농장에서 가져온 신선한 과일과 야채를 사용해 100% 비건 음식을 만든다. 블루베리, 크랜베리, 딸기가 들어간 베리베리(Very Berry) 볼, 팔라펠 볼 등이 인기 메뉴다. 매주 일요일에는 오전 9시부터 오후 2시까지 선데이 마켓이 열린다. 유기농 식품, 비건 브라우니, 액세서리, 의류 등을 판매하는데 가격의 메리트는 없지만 소소하게 구경하기 좋다. 사마디 발리 입구에는 기프트 숍이 있다. 자체 제작하는 요가복, 수공예 액세서리, 요가 매트, 타월과 같은 관련 물품을 구매할 수 있다. 사마디 발리에서는 단순한 운동이 아니라 지속 가능한 삶을 실천하기 위한 건강한 라이프 스타일을 추구할 수 있다.

크레이트 카페 Crate Cafe

인스타그래머블한 짱구의 브런치 카페

주소 Jl. Canggu Padang Linjong, Canggu, Kec. Kuta Utara, Kabupaten Badung, Bali 80351, Indonesia 위치 데우스(Deus)에서 판타이 바뚜 볼롱(Jl. Pantai Batu Bolong) 방면 동쪽으로 약 600m 직진 후 좌회전(도보 약 8분) 시간 6:00~16:00 가격 55k(더 바버), 55k(와이 소 시리얼), 30k(롱 블랙) 홈페이지 lifescrate.com/ 전화 +62 812-3894-3040

짱구가 허허벌판이었던 2014년에 문을 연 카페로, 최근 짱구에서 가장 인기 많은 카페 중 하나다. 인스타그래머블한 공간으로 유명한 만큼 가는 순간 사진 찍기 바쁠 것이다. 뻥 뚫린 공간에서 발리의 분위기를 즐길 수 있는데, 바이크를 타고 오는 사람들이 많으므로 주문하기 전에 주차부터 하기를 추천한다. 아침 식사를 하기 좋은 카페라서 9시도 되기 전부터 사람들이 많이 온다. 9시 전에 가는 걸 추천한다. 분위기도 좋고, 대부분의 메뉴가 55k로 저렴한 편이다. 다만 사람이 많다 보니 대기 시간이 있을 수 있다.

브런치로 유명해 어떤 메뉴를 골라도 중간은 간다. 프렌치토스트, 베이컨, 메이플 시럽이 같이 나오는 더 바버The Barber, 고소한 땅콩버터와 카카오가 올라간 와이 소 시리얼Why So Cereal이 추천 메뉴다. 비건, 글루텐 프리 메뉴도 선택 가능하며, 커피도 브런치와 함께 먹기 좋다.

누사두아·
딴중베노아

Nusadua·Tanjung Benoa

고급스러운 곳에서 즐기는 해양 스포츠

발리의 남쪽에 위치한 누사두아는 정부의 개발 계획 아래 1970년대부터 형성된 곳이다. '누사'
는 섬이라는 뜻이고, '두아'는 두 개라는 뜻으로 누사두아는 곧 '두 개의 섬'이라는 의미다. 고급
스러운 이미지를 대표하는 이곳은 세계 최고 수준의 고급 리조트, 골프 코스, 컨벤션 센터가 있
다. 특히 해변을 끼고 있는 리조트 단지와 여유로운 분위기로 신혼여행 혹은 가족 단위 여행객들
이 즐기기 좋다. 또한 누사두아의 북쪽으로 연결된 딴중베노아는 과거 어촌 동네였으나 최근에
는 수상 스포츠, 다이빙을 즐길 수 있는 곳으로 유명하다. 누사두아에서 해양 스포츠를 예약했다
면 주로 딴중베노아로 가게 될 것이다. 또한 이곳은 과거 여러 선원이 모여들었던 곳인 만큼 힌
두교, 이슬람 사원, 화교 사원이 공존해 볼거리를 제공한다.

누사두아·짐바란
Sekar Jagat Spa Bali
세카르 자갓 스파 발리

가루다 공원
Garuda Wisnu Kencana

Jl. By Pass Ngurah Rai

Jl. Dharmawangsa

Mandara Toll Road

Jl. Pratama Utara

Jl. Siligita

발리 내셔널 골프 클럽
Bali National Golf Club

더 뮬리아 발리
The Mulia Bali

이나야 푸트리 발리
Inaya Putri Bali

미스터 밥 바 앤 그릴 누사두아
Mr. Bob Bar and Grill Nusa Dua

BIMC 호스피탈 누사두아
BIMC Hospital Nusa Dua

발리 콜렉션
Bali Collection

Jl. Nusa Dua Resort

뮤지엄 파시피카
Museum Pasifika

더 웨스틴 리조트 누사두아
The Westin Resort Nusa Dua

프레고
Prego

누사두아 해변
Nusa Dua Beach

그랜드 하얏트 발리
Grand Hyatt Bali

워터 블로우
Water Blow

• 이동하기 •

교통편 응우라라이 공항에서 택시를 타면 30분 정도 걸린다. 바이패스 응우라라이지. By Pass Ngurah Rai 거리는 교통 체증이 심하기 때문에 새로 지은 만다라 톨Bali Mandara Toll 거리를 이용하면 약 10분 정도 빠르게 도착할 수 있다. 새로 지은 대교 이용 시에는 추가 금액이 붙는다.

동선팁 발리 컬렉션을 중심으로 대표 관광지가 가까이에 있어 그랜드 하얏트, 이나야 푸트리와 같은 리조트에 숙소를 잡으면 이동이 편하다. 주로 고급 리조트와 컨벤션 센터가 들어선 곳이라 리조트에서 휴양을 즐기는 관광객들이 많아 도보로 걸어 다니기 다소 먼 거리에 있는 곳들이 많다. 차량으로 이동 시 택시보다 저렴한 그랩이나 우버 이용을 추천한다(앱 이용 가능, 비교적 금방 오는 편임).

Best Course

누사두아 코스	딴중베노아 코스
워터 블로우	**패러세일링 및 수상 레저**
	◆
	자동차 20분
	숙소에서 휴식
	◆
	자동차 20분
◆	**가루다 공원**
도보 10분	
발리 컬렉션	
◆	
도보 2분	
뮤지엄 파시피카	
◆	
자동차 12분	
세카르 자갓 스파 발리	
◆	◆
자동차 11분	자동차 20분
프레고(저녁 식사)	**나이트라이프 즐기기**

169

파도가 솟구쳐 오르는 누사두아의 랜드마크
워터 블로우 Water Blow

주소 Benoa, Kuta Sel., Kabupaten Badung, Bali 80363, Indonesia 위치 그랜드 하얏트 발리(Grand Hyatt Bali)에서 판타이 멩기앗(Pantai Mengiat) 거리 방면으로 도보 약 10분 요금 무료 전화 +62 361-771-010

그랜드 하얏트 호텔 바로 뒤에 있는 누사두아의 대표 관광지로, 파도가 좁은 공간으로 들어가 암초에 부딪히면서 압력이 높아져 물이 솟구쳐 오르는 장면을 볼 수 있다. 파도가 크고 빠를수록 절벽 위로 높이 올라온다. 누사두아에 간다면 꼭 가 봐야 할 곳이다. 여행객뿐만 아니라 현지인들도 데이트 장소로 자주 찾으며, 웨딩 사진을 찍으러 오는 예비부부에게도 인기다. 성난 파도가 하늘에 닿을 정도로 솟아오르는 모습을 보면 자연의 위대함에 경건해질 것이다. 현무암 사이로 파도가 구르는 소리가 난 후 바위 위로 물이 뿜어져 올라오는 모습은 마치 용암이 폭발하는 듯하다. 워터 블로우를 방문하기 가장 좋은 시기는 5~10월 건기 시즌이다. 날씨가 맑고 비가 오는 일이 거의 없으며, 힘센 파도를 볼 수 있기 때문이다. 거센 파도에 옷이 젖을 수도 있으니, 여분의 옷을 챙겨 가는 것도 좋다. 참고로 워터 블로우에서는 안전상의 이유로 수영을 할 수 없다.

🏛 **발리 섬에서 가장 아름다운 해변으로 꼽히는 곳**
누사두아 해변 Nusadua Beach

주소 Semenanjung Nusa Dua, Nusa Dua 80517, Indonesia 위치 ❶ 응우라라이 공항에서 택시로 약 30분
❷ 그랜드 하얏트 발리(Grand Hyatt Bali)에서 도보 10분

발리 섬에서 가장 아름다운 해변으로 꼽히는 누사두아 해변은 하얀 모래와 맑은 청록빛 물색이 아름다운 곳이다. 울루와뚜 지역부터 길게 늘어서 있는 해변을 전체적으로 이르며, 코코넛 나무가 시원한 그늘을 만드는 그림 같은 곳이다. 누사두아 지역의 해변을 따라 특급 리조트가 위치하고, 리조트마다 해변을 소유하고 있어 굉장히 깨끗하게 유지되고 외부인에게 방해받을 걱정이 없다.

🍽 **분위기 좋은 캐주얼 다이닝 레스토랑**
미스터 밥 바 앤 그릴 누사두아 Mr. Bob Bar and Grill Nusa Dua

주소 Jl. Bypass Ngurah Rai, Benoa, Kec. Kuta Sel., Kabupaten Badung, Bali 80361 인도네시아 위치 워터 블로우에서 택시로 8분 시간 13:00~21:00 가격 180k(바비큐 립), 150k(안심 스테이크), 110k(비프 른딩), 50k(애플파이) 홈페이지 www.facebook.com/mrbobnusaduabali 전화 62 813-3896-3470

분위기 좋은 캐주얼 다이닝 레스토랑으로, 누사두아에서 고기가 생각난다면 꼭 가 봐야 할 곳이다. 누사두아와 딴중베노아 총 두 지점이 있다. 직원들이 매우 친절하며, 맛있는 음식으로 인기 있는 곳이다. 인기 메뉴는 미스터 밥의 시그니처 립과 스테이크다. 디저트로는 애플파이를 추천한다. 아이들이 놀 수 있는 모래사장이 있어 아이와 함께 가기에도 좋다. 왓츠 앱Whats App 예약 시 누사두아 인근 호텔은 무료로 픽업 서비스를 제공하니 이용하면 편리하다.

브런치에 적합한 이탈리안 레스토랑
프레고 Prego

주소 Kawasan Pariwisata Nusa Dua BTDC Lot N-3, Nusa Dua, Kuta Selatan, Benoa, South Kuta, Badung Regency, Bali 80363, Indonesia 위치 더 웨스틴 리조트 누사두아 (The Westin Resort Nusa Dua) 1층 시간 12:00~22:00(일요일 11:30~15:30) 가격 420k(브런치 뷔페 1인), 150k(마르게리타 피자), 165k(카르보나라) 홈페이지 www.marriott.com/hotels/travel/dpswi-the-westin-resort-nusa-dua-bali/ 전화 +62 811-3885-739

프레고는 웨스틴 호텔 내부에 있는 레스토랑으로, 맛있는 피자와 파스타를 맛볼 수 있는 곳이다. 5성급 호텔에서 운영하는 레스토랑인 만큼 서비스와 분위기는 기대 이상이다. 캐주얼하고 모던한 분위기로 화덕 피자와 파스타가 인기 메뉴다. 간이 센 편이니 미리 덜 짜게 해 달라고 요청하는 것이 좋다. 매주 일요일 오전 11시 30분에서 오후 3시까지 운영하는 브런치 뷔페 또한 늘 인기가 많다. 이때 SPG 멤버십 카드가 있다면 15% 할인을 받을 수 있다. 오픈 키친으로 주문과 동시에 조리가 시작되며, 키즈 메뉴가 따로 있어 아이와 함께 오기에도 좋다.

아시아 태평양의 미술품을 모아 놓은 곳
뮤지엄 파시피카 Museum Pasifika

주소 Complex Bali Tourism Development Corporation (BTDC) Area Block P, Kuta Selatan, Benoa, Kuta Sel., Kabupaten Badung, Bali 80361, Indonesia 위치 BIMC 호스피탈 누사두아(BIMC Hospital Nusa Dua)에서 누사두아 리조트(Jl. Kw. Nusa Dua Resort) 거리 따라 도보 4분 시간 10:00~18:00 요금 100k(성인), 무료 (10세 이하) 홈페이지 www.museum-pasifika. com 전화 +62 361-774-935

2006년 세워진 파시피카 뮤지엄은 미술에 조금이라도 관심 있거나 발리에 관심 있는 여행객이라면 실망하지 않을 박물관이다. 총 11개의 테마로 다양한 종류의 예술품을 분류했다. 1~5번 갤러리에는 폴 고갱, 르마이어를 포함해 인도네시아에 거주했거나 방문한 적이 있는 예술가들의 작품을 전시한다. 총 600점이 넘는 미술품이 있으며 베트남, 인도네시아, 중국, 인도, 파푸아뉴기니 등 아시아 태평양 25개국에서 200명의 작가로부터 온 작품들이 전시돼 있다. 입장권에는 음료가 포함돼 있으며, 뮤지엄 내부의 카페에서 음료를 마실 수 있다. 온라인으로 미리 티켓을 구매할 경우 할인된 금액으로 예약할 수 있다.

신체 리듬을 회복시켜 주는 바리니스 전통 마사지
세카르 자갓 스파 발리 Sekar Jagat Spa Bali

주소 Jalan By Pass Ngurah Rai, Jl. Puri Mumbul Permai Jalan Nusa Dua No.96, Bali 80361, Indonesia 위치 인터콘티넨탈 울루와뚜 리조트에서 차로 약 10분(픽업 서비스 무료) 시간 12:00~19:00 가격 USD140(발리 스파 리추얼, 온라인 예약 시 USD75 가능) 홈페이지 sekarjagatspa.com 전화 +62 821-4480-2000

온전한 휴식을 즐길 수 있는 곳으로 가게명인 sekar jagat은 발리어로 '지구의 꽃'이라는 뜻이다. 프라이빗한 정원에서 웰컴티인 따뜻한 생강차를 마시면 어느새 마음이 편안해진다. 실제로 이곳은 발리니스 마사지와 쉼에 대한 열정이 있는 발리니스인이 운영하는 곳이다. 국제 스파 테라피 과정을 전공하고 해부학, 림프 마사지 등 다양한 테라피 코스를 영국, 프랑스와 같은 유럽에서 공부해 발리에서 스파를 오픈했다. 9개의 프라이빗 하면서도 오픈된 트리트먼트 룸과 시원한 실내형 트리트먼트 룸 중 선택 가능하다. 시그니처 마사지는 발리 스파 리추얼Bali Spa Ritual이다. 총 3시간 동안 진행되는 코스로 발리니스 마사지와 플라워 배스(꽃 목욕)을 한번에 즐길 수 있어 가장 인기가 많다. 주로 엄지와 손바닥을 이용한 지압을 통해 부드럽게 근육을 풀어 주고 몸에 쌓인 피로와 스트레스를 없애준다. 그 다음 정향, 강황과 같은 로컬 향신료를 이용해 각질을 제거하고, 신선한 꽃잎을 가득 띄운 플라워 배스가 진행된다. 마사지를 통해 혈액 순환을 잘 되게 한 후 따뜻한 물에 목욕을 하면서 한 번 더 근육이 이완된다. 무료로 픽업과 드랍백 서비스도 제공하고 있어 편하게 이용할 수 있다. 참고로 온라인 예약 시 가격이 약 40% 가까이 저렴해지기 때문에 미리 예약하고 가는 것을 추천한다.

누사두아 대표 쇼핑센터
발리 컬렉션 Bali Collection

주소 Komplek ITDC Nusa Dua, Benoa, Kuta Selatan, Benoa, Kuta Sel., Kabupaten Badung, Bali 80363, Indonesia 위치 BIMC 호스피탈 누사두아(BIMC Hospital Nusa Dua)에서 이나야 푸트리 발리 방면으로 도보 5분 시간 11:00~20:00 홈페이지 bali-collection.com 전화 +62 361-771-662

누사두아의 대표적인 쇼핑센터로 몰이라기보다는 상점들이 1층으로 넓게 들어서 있는 실외 쇼핑센터다. 누사두아 지역은 마트나 쇼핑을 즐길 만한 곳이 거의 없기 때문에 이 지역에서 숙박하는 관광객이라면 한 번쯤 들르게 되는 곳이다. 약 30여 개의 의류 매장과 다양한 레스토랑, 슈퍼마켓, 약국, 환전소, 서점이 모여 있어 한 번에 쇼핑할 수 있다. 의류 매장 중에는 할인이 큰 폴로, 나이키 등 익숙한 스포츠 브랜드와 퀵실버, 헐리와 같은 서핑 의류 매장 등이 입점해 있다.

 가족과 가기 좋은 전통 발리니스 레스토랑
디아타스 아트 카페 붐부 발리 Diatas by Art Cafe Bumbu Bali

주소 Jl. Siligita No.101, Benoa, Kec. Kuta Sel., Kabupaten Badung, Bali 80361, Indonesia 위치 발리 컬렉션, 그랜드 하얏트 호텔에서 차로 5분(픽업 서비스 제공) 시간 9:00~22:00 전화 +62 361-772344 홈페이지 https://www.artcafebumbubali.com/ 가격 95k(사테), 90k(나시고렝), 195k(바비굴링 6인)

누사두아에서 한국인들이 많이 찾는 곳으로 인도네시아 전통 음식이 주 메뉴다. 가격대는 현지 물가 대비 다소 높은 편이지만 현대적인 분위기에서 깔끔하게 식사를 할 수 있다. 블로그에 소개된 것과 달리 맛집이라기보다는 발리 전통 음식을 무난하게 즐길 수 있는 곳이다. 인기 메뉴는 인도네시아 전통 음식인 나시고렝, 사테, 비프 렌당, 포크립이다. 발리식 반찬과 밥이 함께 나오는 나시 짬뿌르에 닭고기, 소고기 등을 잘라 구운 꼬치구이를 더한 사테짬

뿌르로 든든한 식사를 할 수도 있다. 오픈 키친이라 주문 후에 조리 과정을 지켜볼 수 있는 것도 또 다른 재미다. 분위기는 야외가 훨씬 좋지만 발리의 날씨가 너무 덥다면 에어컨이 있는 실내 룸으로 예약도 가능하다. 근처 누사두아 숙소는 무료로 픽업 서비스를 제공한다. 매주 수요일, 금요일 저녁 8시부터는 전통 공연을 감상할 수 있어 관광객들에게 특히 인기가 많다.

자유의 여신상보다 큰 조각상으로 랜드마크가 된 곳
가루다 공원 Garuda Wisnu Kencana[가루다 위시누 켄카나]

주소 Jl. Raya Uluwatu, Ungasan, Kuta Sel., Kabupaten Badung, Bali 80364, Indonesia 위치 발리 컬렉션에서 차로 23분 시간 9:00~20:00(티켓 구매는 19:00까지) 요금 125k(성인), 무료(3~18세) *홈페이지 예약 시 10% 할인된 금액으로 구매할 수 있는 프로모션을 종종 한다. 홈페이지 gwkbali.com 전화 +62 361-700-808

일명 '게와까GWK'라고 불리는 가루다 공원은 바둥주에 위치해 꾸따에서 차로 15~20분 걸린다. 공원 이름의 '가루다'는 힌두교의 신화적인 새를 뜻하고, '위시누'는 비슈누신을 인도네시아어로 바꾼 것이며, '켄카나'는 마차를 뜻한다. 이곳은 종교에 대한 발리니스의 열정으로 커다란 석회암 지대를 아름다운 조각 공원으로 변신시킨 곳이다. 뇨만 누아르타Nyoman Nuarta라는 발리의 조각가가 1997년 시작한 프로젝트로 발리의 종교, 예술, 문화적인 요소에 헌정하고 부흥시키기 위해 60ha 가까이 되는 넓은 부지에 지어졌다. 높이 약 120m의 거대한 비슈누 상과 상체만 조각돼 있는 가루다 조각상으로 유명하며 현지인들이 데이트, 소풍, 결혼식 장소로 자주 찾는다. 이 조각상은 세계에서 가장 큰 조각상 중 하나로 꼽히며, 20km 거리에 있는 꾸따, 사누르, 누사두아에서도 볼 수 있다고 한다. 비슈누는 힌두교의 3대 신 중 평화의 신으로 인류를 악으로부터 구하고 정의를 회복하는 일을 한다. 그 외에 파괴의 신 시바, 창조의 신 브라흐마가 힌두교의 3대 신이다. 공원 내에 극장, 전시관, 레스토랑, 기념품 숍 등이 있고 ATV 대여도 가능해 여러 체험 활동을 할 수 있다. 한 시간마다 르공, 께짝, 바롱 댄스와 같은 전통 공연이 있으니 입장 시 공연 스케줄을 확인한 후 관람하는 것이 좋다. 거대한 조각상과 높은 위치에서 내려다보이는 경치가 볼만하다. 또한 입장료에 음료가 포함돼 있으니 잊지 말고 매표소 맞은편 레스토랑에서 시원한 아이스티를 마시자.

우붓

Ubud

다양한 자연환경과 그 속에서 살아가는 발리니스들의 모습

우붓에서는 우거진 코코넛 나무와 빼곡히 들어선 야자수, 자유롭게 돌아다니는 닭과 오리들, 끝이 안 보이는 계단식 논과 수풀 그리고 그 속에서 살아가는 발리니스들의 모습을 피부로 느낄 수 있다. 그뿐만 아니라 네덜란드 식민지 시대부터 간직해 온 전통 댄스 께짝Kecak과 사원, 전통 의상, 힌두교 문화, 민속 공예품 같은 여러 가지 볼거리를 제공한다. 유명한 요가 수양지인 만큼 뛰어난 선생님들과의 요가 수련부터 현지 시장까지 제대로 발리다운 일상을 즐길 수 있다. 다른 지역과 달리 우붓에서는 논 뷰Rice Field View가 인기다. 화산섬으로 이루어진 지형 탓에 산지가 많기 때문에 산비탈을 깎아 농사를 짓는 계단식 농업과 관개 시스템 '수박Subak'이 발달했다. 광활한 열대 우림 속에서 파노라마처럼 펼쳐진 계단식 논을 마주하면 말을 잃게 될 것이다.

우붓 트래디셔널 스파
Ubud Traditional Spa

네카 아트 뮤지엄
Neka Art Museum

와룽 쁠라우 끌라파
Warung Pulau Kelapa Indonesian Cuisine

클라우드 나인 우붓
Cloud Nine Ubud Pub and Co

만다파 리츠칼튼 우붓
Mandapa, a Ritz-Carlton Reserve

발리 사파리 앤드 마린 파크
Bali Safari and Marine Park

타로 마을 Taro Village

아궁산 Gunung Agung

그린바이크 자전거 투어
Greenbike Cycling Tour

바뚜르산 일출 트레킹(구눙 바뚜르)
Mount Batur Sunrise Trekking(Gunung Batur)

아융강 래프팅
Ayung River Rafting

뜨갈랄랑 라이스 테라스
Tegalalang Rice Terrace

더 블랑코 뮤지엄
The Blanco Museum

레이지 캐츠
Lazy Cats

사라스와띠 사원
Saraswati Temple

밀크 앤 마두 우붓
Milk & Madu Ubud

아웃포스트 우붓 Outpost Ubud

데일리 바게뜨
Daily Baguette

우붓 스타벅스
Starbucks

세니만 커피 스튜디오
Seniman Coffee Studio

발리 스윙 Bali Swing

카페 드 아티스트
Café Des Artistes

우붓 왕궁
Ubud Palace

우붓 트래디셔널 마켓
Ubud Traditional Market

코우 퀴진
Kou Cuisine

캐러멜 CarameL

프로즌 요기
Frozen Yogi

클리어 카페
Clear Cafe

무드라 카페
Mudra Cafe

푸스파스 와룽
Puspa's Warung

레몬그라스 숍
Lemongrass Shop

우붓 커피 로스터리
Ubud Coffee Roastery

얼스 카페 앤 마켓 우붓
Earth Cafe & Market Ubud

키스멧
Kismet

스타벅스
Starbucks

마까시 숍
Makassi Shop

포크 풀 앤 가든즈
Folk Poot & Gardens

스리 몽키즈
Three Monkeys

카페
Kafe

노 마스 바
No Más Bar

무슈 스푼 우붓
Monsieur Spoon Ubud

비유쿠쿵 스위트 앤 스파
Biyukukung Suites & Spa

베네치아 데이 스파
Venezia Day Spa

코코 슈퍼마켓
Coco Supermarket

피즌 우붓
Pison Ubud

우붓 몽키 포레스트
Ubud Monkey Forest

알라야 리조트 우붓
Alaya Resort Ubud

더 요가 반
The Yoga Barn

아누마나 호텔 우붓
Anumana Hotel Ubud

몽키 케이브
Monkey Cave

후즈 후
Who's Who

우붓

트위스트 우붓
Twist Ubud

타코 카사
Taco Casa

노스티모 그릭 그릴 우붓
Nostimo Greek Grill Ubud

맥스원 호텔
Maxone Hotel

아궁 라이 뮤지엄
Agung Rai Museum of Art

바뚜바라—아르젠티니안 그릴러리
Batubara-Argentinian Grillery

홍갈리아 1
Hongalia 1

우붓 요가 센터
Ubud Yoga Centre

고아 가자
Goa Gajah

마라 리버 사파리 로지
Mara River Safari Lodge

세이지
Sage

아웃 포스트
Outpost

교통편 지하철이나 버스와 같은 교통수단이 발달되지 않은 발리의 주요 교통수단은 택시다. 여행객들을 대상으로 하는 미니버스인 꾸라꾸라Kurakura도 있지만, 시간표가 다소 들쑥날쑥해서 짐이 많은 여행자들에게는 추천하지 않는다. 꾸따에서 우붓까지는 교통 체증을 고려해 보통 1시간 30분 정도 소요되며, 우붓 내에서는 그랩, 블루 버드, 우버가 엄격하게 통제되는 편이기 때문에 주로 스쿠터, 택시, 도보로 이동한다.

동선팁 우붓 중심가에서 우붓 트래디셔널 마켓까지는 골목 사이사이 맛집과 아기자기한 카페가 많아 한낮을 제외하고는 걸어 다니기 좋다.

Best Course

대중적인 코스

몽키 케이브
⊕
도보 2분

우붓 몽키 포레스트
⊕
도보 3분

베네치아 데이 스파
⊕
자동차 6분

우붓 트래디셔널 마켓
⊕
도보 2분

우붓 왕궁
⊕
도보 3분

사라스와띠 사원
⊕
도보 1분

우붓 스타벅스
⊕
자동차 15분

타코 카사
⊕
도보 5분

코코 슈퍼마켓

문화 체험 코스

더 요가반
⊕
도보 12분

피존 카페(Pison Ubud)
⊕
자동차 10분

고아 가자

⊕
자동차 13분

아궁 라이 뮤지엄
⊕
도보 18분

포크 풀 앤 가든즈
⊕
도보 18분

⊕

바뚜바라-아르젠티니안 그릴러리

 ### 700마리 원숭이들의 놀이터
우붓 몽키 포레스트 Ubud Monkey Forest

주소 Jl. Monkey Forest, Ubud, Kabupaten Gianyar, Bali 80571, Indonesia 위치 아누마나 우붓 호텔에서 몽키 포레스트(Jl. Monkey Forest) 거리 따라 도보 3분 시간 8:30~18:00(티켓 마감 17:30) 요금 80k(성인), 60k(유아) 홈페이지 www.monkeyforestubud.com 전화 +62 361-971-304

700마리의 원숭이가 자유롭게 살고 있는 몽키 포레스트는 우붓의 이국적인 관광지이자 우붓의 지역 사회를 지탱하는 경제 자원인 동시에 영적인 장소이기도 하다. 힌두교에서는 원숭이가 하누만 신의 또 다른 모습이라 믿기 때문에 원숭이를 신성시한다. 매달 약 12만 명의 관광객이 찾는 몽키 포레스트는 숲의 크기만 12.5ha에 이르며 115종의 다양한 식물이 있어 산책길로도 훌륭하다. 울창한 나무와 시원한 그늘, 처음 보는 자유로운 원숭이들이 만드는 이국적인 볼거리에 신이 나지 않을 수 없다. 원숭이들이 사람을 두려워하지 않기 때문에 몽키 포레스트의 주인은 명확하게 원숭이라는 점을 느끼게 될 것이다. 몽키 포레스트의 직원들이 하루 세 번 먹이를 주고 보살피기 때문에 울루와뚜 사원의 원숭이들보다는 비교적 온순하다. 그래도 귀중품 등은 조심하는 것이 좋다. 규모가 큰 관광지기 때문에 둘러보는 데 최소 1시간은 소요된다.

우붓에서 느끼는 짱구 감성 브런치 카페

밀크 앤 마두 우붓 Milk & Madu Ubud

주소 Jl. Suweta No.3, Ubud, Kecamatan Ubud, Kabupaten Gianyar, Bali 80571, Indonesia 위치 우붓 왕궁에서 사라스와띠 사원(Jl. Suweta) 방면으로 29m 직진 시간 7:30~22:00 가격 115k(BBQ 피자), 55k(오차 드 qhf) ,30k(롱 블랙), 75k (에그 베네딕트) 홈페이지 http://www.milkandmadu.com/ 전화 +62 813-2975-6708

우붓에서 느껴지는 짱구 감성 카페다. 우붓 특유의 플랜테리어나 논 뷰에 중점을 준 인테리어가 아닌데 실제로 짱구에서 인기가 많은 카페로 우붓에 분점을 열었다. 높은 층고가 실내지만 탁 트인 듯한 개방감을 주고 천장의 라탄 조명이 이국적인 느낌을 물씬 자아낸다. 점심과 저녁 모두 인기가 많지만 채광이 잘 드는 낮 시간대 커피와 브런치를 즐기는 사람들이 많다. 간단한 메뉴로는 에그 베네딕트와 신선한 발리의 열대 과일이 듬뿍 들어간 프룻 볼을 추천한다. 좀 더 든든하게 먹고 싶은 날이라면 베이컨과 버섯 그리고 치즈로 마무리되는 BBQ 치킨 피자를 추천한다.

힙한 바리스타가 내어 주는 우붓 최고의 커피

몽키 케이브 Monkey Cave

주소 Jl. Monkey Forest, Ubud, Kabupaten Gianyar, Bali 80571 Indonesia 위치 아누마나 우붓 호텔에서 도보 1분 베네치아 데이 스파 맞은편 시간 8:00~17:00 가격 28k(롱 블랙), 35k(아이스 카푸치노), 50k(아보카도 토스트) 홈페이지 www.facebook.com/monkeycaveubud 전화 +62 361-370-5255

진한 에스프레소가 특징으로, 우붓에서 제일 맛있다. 에스프레소에 자신 있는 집인 만큼 바닐라 라테 등 다른 시럽이 들어간 커피는 판매하지 않는다. 우유가 들어간 커피 중에서는 부드러운 우유 거품과 고소한 맛이 일품인 아이스 카푸치노가 인기다. 친절하고 개성 있는 바리스타들 덕에 기다리는 시간도 즐겁다. 바에 앉을 수도 있고, 2층에서 우붓의 경치를 즐기며 커피를 마실 수도 있다. 와이파이는 무료로 제공되며, 간단한 토스트류로 요기도 가능하다.

베네치아 데이 스파 Venezia Day Spa

지친 심신에 여유를 줄 수 있는 마사지 숍

주소 Jl. Monkey Forest, Ubud, Kabupaten Gianyar, Bali 80571, Indonesia 위치 우붓 몽키 포레스트에서 아누마나 호텔 방향으로 도보 2분 아누마나 호텔 맞은편 시간 10:00~21:00 가격 235k(밀크 베스), 255k(포핸드 마사지) 홈페이지 www.veneziadayspa-ubud.com 전화 +62 361-975-715

아누마나 호텔에서 도보 3분 거리에 있는 가성비 좋은 마사지 숍이다. 마사지 전후 샤워가 가능하며, 시설은 다소 오래됐지만 청결하게 유지되고 있다. 마사지 후에는 싱그러운 생화로 채워진 플라워 배스flower bath와 함께 따뜻한 차와 과일을 제공하는 것이 특징이다. 아름다운 정원에 친절한 직원, 스트레칭과 지압으로 이루어진 발리니스 전통 마사지를 통해 뭉친 근육의 긴장을 풀고 몸에 쌓인 피로와 스트레스를 해소할 수 있다. 추천 마사지는 밀크 배스Milk Bath로 발리니스 마사지 이후 우유를 사용한 스크럽, 플라워 배스가 포함돼 있다. 마지막 예약 가능 시간은 오후 6시 30분이다.

너도 나도 줄 서서 먹는 멕시칸 음식점
타코 카사 Taco Casa

주소 Jalan Raya Pengosekan, Ubud, Kabupaten Gianyar, Bali 80571, Indonesia 위치 알라야 리조트를 지나 아궁 라이 뮤지엄 방면 펑고서 칸(Jl. Raya pengosekan) 거리 방향으로 약 400m 직진 시간 11:00~22:00 가격 74k(치킨 타코), 85k(새우 나초스 그란데), 89k(소고기 부리토) 홈페이지 www. tacocasabali.com 전화 +62 812-2422-2357

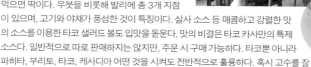

멕시칸 음식 맛집으로, 인도네시아 음식이 질릴 때 먹으면 딱이다. 우붓을 비롯해 발리에 총 3개 지점이 있으며, 고기와 야채가 풍성한 것이 특징이다. 살사 소스 등 매콤하고 강렬한 맛의 소스를 이용한 타코 샐러드 볼도 입맛을 돋운다. 맛의 비결은 타코 카사만의 특제 소스다. 일반적으로 따로 판매하지는 않지만, 주문 시 구매 가능하다. 타코뿐 아니라 파히타, 부리토, 타코, 케사디아 어떤 것을 시켜도 전반적으로 훌륭하다. 혹시 고수를 잘 못 먹는다면 주문 시 고수를 빼 달라고 하면 된다. 옥수수로 만든 고소한 홈메이드 토르티야 칩과 모차렐라 치즈, 신선한 과카몰리가 함께 나오는 나초스 그란데Nachos Grande와 타코를 추천한다. 각 메뉴마다 새우, 소고기, 치킨 등의 토핑은 선택 가능하다. 시원한 마가리타나 빈땅 맥주가 절로 넘어갈 것이다. 성수기의 경우 저녁 시간에 대기가 길 수 있으니 식사 시간을 피해 방문하는 것도 방법이다. 또한 에어컨이 없기 때문에 낮 시간에는 포장하거나 배달시키는 것을 추천한다.

겉바속촉 밥도둑 돼지고기 요리를 맛볼 수 있는 곳
트위스트 우붓 Twist Ubud

주소 Jl. Raya Pengosekan Ubud, Ubud, Kecamatan Ubud, Kabupaten Gianyar, Bali 80571, Indonesia 위치 아궁라이뮤지엄에서 Jl. Raya Pengosekan Ubud 방면 서쪽으로 230m 직진 (도보 4분) 시간 8:00~23:00 가격 89k(캐러멜포크), 68k(치킨카레), 89k(폭립) 전화 +62 878-2047-3322

컨템포러리 발리니스 레스토랑으로 곧 유명해질 것 같은 곳이다. 아궁라이 뮤지엄 근처 맛집이 많은 골목에 위치해 있어 찾기 쉬운 편이다. 고기류 요리를 잘하는데 추천하는 메뉴는 카라멜포크 caramelised pork다. 겉은 바삭하면서도 속은 촉촉해서 한입 입에 넣는 순간 녹아내린다. 돼지고기 껍질까지 바삭하게 튀긴 후 삶아 간장 소스에 졸인 요리로 새큼하면서도 달콤한 짭짤함이 감칠맛을 더한다. 밥을 곁들여 먹거나 긴 여정 후 맥주랑 먹으면 든든할 것이다. 그외 달짝지근하면서도 매콤한 폭립, 트위스트 버거도 인기 메뉴다. 신선한 발리 로컬 야채와 버섯, 코코넛이 들어가 고소하면서도 속이 뜨끈해지는 옐로 치킨 커리도 추천한다. 가게 내부는 다소 좁은 편이지만 왜 항상 손님이 많은지 한술 뜨는 순간 알 수가 있다.

 합리적인 가격에 스테이크를 맛볼 수 있는 곳
카페 드 아티스트 Café Des Artistes

주소 Jl. Bisma No.9, Ubud, Kecamatan Ubud, Kabupaten Gianyar, Bali 80571, Indonesia **위치** 사라스와띠 사원에서 뿌리 루키산 방면으로(Jl. Raya Ubud) 방면으로 280m 직진 후 좌회전해서 약 100m 직진 **시간** 12:00~23:00 **가격** 85k(스테이크), 80k(혼합 요리 500g), 48k(알리오올리오) **홈페이지** http://www.cafedesartistesbali.com/ **전화** +62813-3746-3747

가성비가 좋은 벨기에 레스토랑이다. 합리적인 가격에 맛있는 스테이크를 즐길 수 있는 곳이라 이미 여행자들 사이에 유명한 곳이다. 우붓 메인로드에서 한 발짝 떨어진 골목에 있는 곳이라 조용하고 아늑한 공간이다. 프랑스가 미식의 나라로 유명하지만 벨기에는 요리 재료 본연의 맛을 살리는데 중점을 두는 것처럼 이곳의 요리도 본래 식재료의 맛을 고스란히 느낄수 있다. 파스타, 피자, 크레페 등 전반적인 음식이 다 훌륭하고 가격 또한 합리적인 편인데 그중 스테이크는 꼭 시켜야 한다. 벨기에 대표 요리인 홍합 요리나 굴을 이용한 해산물 요리도 맛있다. 테라스 자리는 저녁에 모기에 물릴 수 있어서 스프레이를 요청해서 받으면 된다.

발리 문화와 역사를 만날 수 있는 곳
아궁 라이 뮤지엄 Agung Rai Museum of Art

주소 Jl. Raya Pengosekan Ubud, Ubud, Kabupaten Gianyar, Bali 80571, Indonesia **위치** 알아야 리조트에서 타코 카사 방면 펑고서칸(Jl. Raya pengosekan) 거리로 도보 10분 후 좌회전 **시간** 9:00~18:00 **요금** 100k **홈페이지** www.armabali.com/museum/ **전화** +62 361-976-659

줄여서 'ARMA'라고 불리는 아궁 라이 뮤지엄은 우붓 소재 미술관 중 가장 인기가 많다. 오바마 대통령도 왔다 갔다고 하니 배로 흥미로워진다. 입장하는 순간 고급 리조트에 온 듯 울창한 열대 나무와 넓은 논이 있는 발리니스식 정원이 펼쳐진다. 우붓에 있는 다른 어떤 미술관보다 정원이 아름답고 작품이 깨끗하게 정돈돼 있다. 미술관뿐만 아니라 정원이 크기 때문에 편안한 느낌을 주어 다양한 작품을 구경하며 한차례 쉬어 가기 좋다. 전통적

인 디자인의 인테리어지만 네카 아트 뮤지엄과는 다르게 클래식한 느낌이다. 입장료에는 미술관 내의 가제보 Gazebo 카페에서 마실 수 있는 음료가 포함되어 있다. 가제보 카페에서 논 뷰와 함께 웰컴 드링크(커피 또는 차)와 발리 스타일의 쫀득한 디저트 라이스 케이크를 즐길 수 있다. 다 둘러보는 데 2시간 정도 소요된다.

 담백하고 색다른 지중해식 식당
노스티모 그릭 그릴 우붓 Nostimo Greek Grill Ubud

주소 Jalan Raya Pengosekan Ubud No.108, Ubud, Kabupaten Gianyar, Bali 80571, Indonesia 위치 아궁 라이 뮤지엄에서 맥스원(Maxone) 호텔 방면 펑고서칸(Ji. Raya pengosekan) 거리로 도보 1분 시간 11:00~21:30 가격 255k(믹스드 그릴[Mixed Grill] 2인), 130k(메체 플래터[Mezze Platter]) 홈페이지 www. facebook.com/Nostimobali/ 전화 +62 821-4573-5546

그리스어로 '맛있는'이라는 뜻을 가진 노스티모는 아름다운 산토리니를 옮겨 놓은 듯한 블루, 화이트 톤 인테리어의 지중해식 레스토랑으로, 우붓 중심가에서 멀지 않은 곳에 있다. 지중해 식단의 대표주자인 그리스 요리는 유네스코 세계 문화유산으로 등록될 만큼 몸에 좋은 음식으로 유명하다. 그중 차지키[Tzatziki]라 불리는 소스는 그릭 요구르트를 바탕으로 식초, 마늘, 오이, 올리브오일 등을 섞어 만든 것인데, 노스티모 음식의 감칠맛을 낸다. 아사이 볼, 발리 현지 음식을 제외한 건강식을 먹고 싶다면 이곳이 제격이다. 스위스에서 온 친절한 아저씨가 운영하며 테이블마다 안부를 물으러 온다. 인기 메뉴는 모든 종류의 고기가 다양하게 제공되는 그릴드 플래터Grilled Platter로, 인원수에 맞게 시킬 수 있다. 신선한 요구르트가 곁들여진 딥dip과 따뜻한 피타브레드의 조합이 기가 막히다. 옛날 그리스인들은 랩 식으로 말아서 먹는 방식을 좋아했는데 그 방식대로 고기와 감자, 채소 등을 피타브레드에 싸서 먹으면 꿀맛이다. 차분하고 로맨틱한 분위기로 가족, 커플들이 찾기 좋은 곳이다. 노릇노릇하고 바삭한 감자튀김도 맛있으니 꼭 배고플 때 가기를 추천한다. 음료 중에는 그릭 커피 프라페도 인기다. 분위기, 음식 모두 흠잡을 데 없는 곳으로 저녁 식사를 즐기기 좋다.

코워킹에서 코리빙까지
아웃포스트 우붓 Outpost Ubud

주소 Jl. Padang Linjong No.39, Canggu, Kec. Kuta Utara, Kabupaten Badung, Bali 80361, Indonesia 위치 아궁라이 뮤지엄에서 마데 르바(Jl. Made Lebah) 거리 방면 남쪽으로 300m 직진한 후 우회전해 라야녀 쿠닝(Jl. Raya Nyuh Kuning) 거리에서 900m 직진(도보 15분) 시간 24시간 가격 USD 49(코워킹 스페이스 25시간), USD 105(코워킹 스페이스 2주 멤버십), USD 339(코워킹+코리빙 1주) *멤버십별로 다르므로 홈페이지 확인이 필요하다. 홈페이지 destinationoutpost.co/ 전화 +62 361 9080584

사무실을 공유하는 공유 오피스에서 나아가 코리빙까지 제공하는 곳들이 많아지고 있다. 아웃포스트는 업무에서 주거까지 한 번에 해결할 수 있는 코워킹+코리빙 브랜드의 우붓 지점이다. 우붓에서 가장 집중이 잘되는 작업 공간 중 하나로 에어컨이 시원해 더운 발리 날씨에도 지치지 않고 일을 할 수 있다. 주차 공간이 넓은 편이라 장기 거주하는 경우 바이크도 편하게 주차할 수 있으며, 창이 큰 편이라 분위기가 밝고 아늑하다. 물론 한국처럼 인터넷이 빠르지는 않지만 업무 공간, 미팅 룸, 스카이프 부스, 공유 주방 등 다양한 공간을 편하게 이용할 수 있다. 발리 스타일의 부티크 빌라인 코리빙에 등록하면 다른 아웃포스터Outposter들과 코워킹 스페이스도 쓸 수 있다. 수영장은 공유 오피스 공간 내에 있지는 않지만 조금만 걸어가면 된다.
우붓 외에도 짱구에 지점이 있다. 등록하는 멤버십의 종류에 따라 스카이프 부스 이용 시간, 프린트 가능 여부 등의 차이가 있으니 홈페이지에서 확인한 후 자신의 업무 스타일에 맞게 등록하는 걸 추천한다.

> **Tip.** 코리빙이란?
> Cooperative+Living으로 함께 산다는 뜻이다. 독립된 공간과 주방, 피트니스 센터, 정원 등의 공용 공간으로 구성되어 있어 다수의 사람들이 함께 살면서 선택적으로 네트워킹을 할 수 있는 주거 환경을 의미한다. 셰어 하우스와 다른 점은 사생활이 좀 더 분리되고 단순히 거실, 주방을 같이 쓰는 것에서 나아가 이벤트를 진행하는 매니저가 따로 있어 네트워킹이 더욱 강화되었다는 점이다.

우붓에서 꼭 가 봐야 할 곳
바뚜바라-아르젠티니안 그릴러리 Batubara-Argentinian Grillery

주소 Jl. Raya Pengosekan Ubud No.108, Ubud, Kabupaten Gianyar, Bali 80571, Indonesia 위치 ❶ 아궁 라이 뮤지엄에서 도보 1분 ❷ 타코 카사에서 아궁 라이 뮤지엄 방면 펭고서칸(Ji. Raya pengosekan) 거리로 도보 3분 시간 17:00~23:00 가격 130k(감바스), 198k(플랩 스테이크[Flap Steak] 200g) 홈페이지 www.facebook.com/batubaragrillery/ 전화 +62 361-908-4249

아르헨티나식 바비큐Argentinian Grillelry인 아사도 Asado는 레몬과 소금만으로 간을 해서 숯불에 구워 내 고기의 풍부한 육즙과 씹히는 맛을 음미할 수 있는 음식이다. 바뚜바라는 이와 같은 방식으로 구워 내는 스테이크가 유명한 곳이다. 고기는 무조건 소고기로 시키는 것을 추천하며, 성수기에는 자리가 없으니 미리 예약하고 가는 것이 좋다. 추천 메뉴는 감바스와 플랩 스테이크Flap Steak로, 스테이크는 200g이 주문 최

소단위다. 스테이크를 주문하면 숯불 그릴을 가져와 눈앞에서 직접 신선한 고기를 잘라 구워 준다. 은은한 조명의 정원에서 맛보는 스테이크는 확실히 로맨틱한 분위기를 잘 살려 주며, 상그리아 또한 스테이크와 잘 어울린다. 현지 식당과 비교하면 다소 높은 가격이라 할 수 있지만 한국과 비교하면 저렴한 가격이다.

편하게 찾는 인도네시아식 밥집
홍갈리아 1 Hongalia 1

주소 Jalan Made Lebah, pengosekan, Ubud, MAS, Ubud, Kabupaten Gianyar, Bali 80571, Indonesia 위치 아궁 라이 뮤지엄에서 마데 레바(Jl. Made Lebah) 거리 방면으로 직진 후 주유소를 끼고 좌회전해 도보 4분 시간 24시간 가격 59k(커리 치킨), 58k(박미) 홈페이지 hongalia.business.site/ 전화 +62 812-6017-8822

인테리어는 허름해 보이지만 우붓에서 가장 맛있는 국수라는 입소문이 난 집이다. 향신료도 강하지 않아 거부감 없이 먹을 수 있다. 이곳의 인기 메뉴는 커리 누들과 박미다. 박미Bakmie는 인도네시아식 국수로 꼬들꼬들한 달걀면에 고기와 채소를 올리고 닭 육수를 넣어먹는 요리다. 박미를 맛있게 먹으려면 국물을 면이 비벼질 정도로만 자작하게 붓고 취향에 따라 매콤한 삼발 소스를 추가한다. 우붓 중심가와 떨어져 있으니 아궁 라이 뮤지엄을 들르는 코스에 추가하면 좋다. 택스나 추가 서비스료도 붙지 않아 부담 없이 먹을 수 있다.

아름다운 코끼리 동굴과 열대 정원이 있는 곳
고아 가자 Goa Gajah

주소 Bedulu Village, Jalan Raya Goa Gajah, Blahbatuh, Gianyar **위치** 알라야 리조트에서 아궁 라이 뮤지엄 방면 펑고서칸(Ji. pengosekan) 거리로 택시 8분 **시간** 8:00~16:00 **요금** 50,000Rp(50k, 성인), 25,000Rp(25k, 유아)

'고아Goa'는 동굴, '가자Gajah'는 코끼리라는 뜻으로 '코끼리 동굴'로 알려져 있다. 우붓 중심가에서 약 6km가량 떨어진 브도루 마을에 있지만 접근성이 좋아 가기 수월하다. 고아 가자는 9세기에 지어져 고고학적으로 중요한 가치를 지닌 힌두 유적지다. 1955년 10월 유네스코 세계 문화유산에 등재되기도 했다. 숲길의 계단을 따라 내려가면 1954년에 발굴된 야외 목욕탕이 있는데, 제사를 지내기 전 이곳에서 목욕재계를 한 것으로 추정된다고 한다. 7개의 조각상 중 5개만 발굴됐는데, 힌두교의 천사들이 화분을 들고 서 있는 모양이다. 동굴 내부에는 빨강, 노랑, 검정으로 둘러진 힌두교의 신을 상징하는 조각상이 있다. 고아의 입구 바위에 발리 힌두교의 신성한 동물인 '바롱'의 얼굴이 새겨져 있고, 그 커다란 입이 곧 동굴 안으로 들어가는 입구다. 동굴은 명상을 위한 영적인 장소로 지어져, 한 사람이 겨우 들어갈 정도로 좁고 어둡다. 내부는 T자형의 구조로 왼쪽에는 지혜의 신 가네샤 상이 모셔져 있고, 오른쪽에는 브라흐마, 비슈누, 시바 신의 상이 모셔져 있다. 동굴 사원이 있는 곳에서 열대 숲길을 따라 내려가면 연못과 정원이 펼쳐진다. 계곡물 흐르는 소리, 거대한 열대 나무, 잔잔한 연못까지 이국적인 풍경에서 힌두 유적지를 즐길 수 있다. 고아 가자 또한 사롱을 입도록 되어 있으며, 사롱은 무료 대여가 가능하다.

 모든 걸 갖춘 예쁘고 맛있는 비건 레스토랑
세이지 Sage

주소 Jl. Nyuh Bulan No. 1, Banjar Nyuh Kuning, Ubud, MAS, Gianyar, Kabupaten Gianyar, Bali 80571, Indonesia 위치 코워킹 스페이스 아웃 포스트(Outpost) 맞은편이자 우붓 요가 센터에서 도보 3분 시간 9:00~20:00 가격 65k(잭프루트 아사다 타코[Jackfruit Asada Tacos]), 75k(훌라 버거[Hula Burger]) 홈페이지 facebook.com/sagerestobali 전화 +62 361-976-528

비건 레스토랑이면서 예쁘고 맛있는 세이지는 원형의 창문이 아늑하고 안정된 분위기를 만들어 데이트 장소로 추천할 만한 곳이다. 나무 테이블과 편안한 쿠션, 소파가 비치돼 있고 신발을 벗고 들어가는 손님도 많아 더욱 자연 친화적이다. 여러 퓨전 메뉴 중 특히 저녁 식사 메뉴의 잭프루트 타코와 같은 멕시칸 퓨전 요리가 인기다. 모든 음식에 고기가 들어가 있지 않다는 것을 잊을 정도로 채식주의자가 아닌 사람도 맛있게 먹을 수 있다. 공간이 넓고 와이파이가 빠른 편이라 노트북을 가져와서 작업하는 사람도 많다. 그 밖에 고소한 데리야끼 소스가 올라간 훌라 버거도 있고, 후식은 달콤한 초콜릿 퍼지 케이크가 인기다. 비건 메뉴 선택의 폭이 넓으며, 라테 종류의 커피는 우유 대신 코코넛 밀크, 두유로 대체돼 나온다. 11시 이전에는 아침 메뉴만 가능하다.

건물 자체가 예술적인 우붓의 유명 요가 센터
우붓 요가 센터 Ubud Yoga Centre

주소 Jl. Raya Singakerta No.108, Banjar Dangin Labak, Ubud, Kabupaten Gianyar, Bali 80571, Indonesia 위치 우붓 몽키 포레스트에서 라야 신가카르타(Jl. Raya Singakerta) 거리 방면으로 자동차 12분 시간 6:00~17:00(수업 시간표 따라 변동) 가격 130k(1회), 10k(수건 대여료) 홈페이지 ubudyogacentre.com 전화 +62 811-3803-266

요가로 유명한 우붓에서 더 요가 반The Yoga barn 말고 다른 곳을 가 보고 싶다면 우붓 요가 센터를 강력 추천한다. 현대적이고 세련된 건축물과 인테리어는 물론 수업의 질까지 만족스러운 곳으로 높은 평을 유지하고 있다. 다국적 기업에서 커리어를 쌓던 모니Mony가 사고로 인해 어깨와 무릎을 다친 뒤, 비크람 요가로 건강을 되찾으며 자신의 경험을 공유하기 위해 요가 센터를 개설했다. 2004년 자카르타를 시작으로 발리 우붓에도 지점이 생겼으며, 경험이 풍부한 실력자 선생님들과 함께 다양한 요가 수업을 들을 수 있다. 에어컨과 히터가 완비된 요가 룸이 총 3개 있으며, 요가 매트, 사물함, 수건까지 쾌적함을 더해 준다. 또한 탁 트인 숲 뷰에서 요가를 할 수 있다는 것에 감동하게 된다. 우붓 중심가와 조금 떨어져 있어 아쉽지만 수업의 질, 스튜디오의 쾌적함은 우붓에서 1등이다. 인기 수업은 선 라이즈 요가와 핫 필라테스로 강도 높은 운동을 할 수 있다.

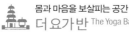

몸과 마음을 보살피는 공간
더 요가 반 The Yoga Barn

주소 Jalan Raya Pengosekan, Ubud, Gianyar, Ubud, Kabupaten Gianyar, Bali 80571, Indonesia 위치 코코 슈퍼마켓에서 알라야 리조트 방면으로 약 100m 직진 후 와룽 나히뚜(Warung Nahitu) 골목으로 도보 1분 시간 7:00~21:00 가격 USD 5(약 145k) 홈페이지 www.theyogabarn.com 전화 +62 361-971-236

요가는 16세기 힌두교 승려들의 피난을 시작으로 발리의 예술 마을에 자리 잡았다. 그중 더 요가 반은 세계적으로 유명한 요가 수련 센터로, 발리에서 요가를 가르치는 강사의 대부분이 더 요가 반 출신이라 할 정도다. 카페, 레스토랑, 게스트 하우스도 운영 중이며, 메인 스튜디오는 2층 높이의 오두막형으로 지어져 있다. 더 요가 반에서는 바쁜 여행자들을 위해 오전 7시부터 수업을 시작하며, 모닝 플로우Morning Flow 수업은 초보자도 무리 없이 들을 수 있는 스트레칭 위주의 수업이다. 수업은 레벨 1, 2로 나뉘며 초보자든 숙련자든 단계에 따라 희망하는 수업을 들으면 된다. 해가 채 뜨기 전, 선선한 바람이 불어오고 앞뒤가 탁 트인 요가 스튜디오에서 동작에 집중하다 보면 몸과 마음이 치유될 것이다. 더 요가 반은 따로 예약을 받지 않고 당일 수업 시간 30분 전에 가서 결제한 후 수업을 들으면 된다. 야외에서 요가하는 수업은 모기퇴치제가 비치돼 있으니 미리 바르고 수강하는 것이 집중하기에 좋다.

우붓에서 가장 큰 마트

코코 슈퍼마켓 Coco Supermarket

주소 Jalan Raya Pengosekan, Ubud, Kabupaten Gianyar, Bali 80571 Indonesia **위치** 알라야 리조트
바로 옆 **시간** 8:00~23:00 **홈페이지** cocogroupbali.com/ **전화** +62 623-6197-2744

발리에만 있는 코코 마트와 코코 슈퍼마켓은 구멍가
게에서 시작한 코코Coco 그룹에서 운영하는 마트
다. 현지인, 관광객 할 것 없이 많이 이용하는 곳으
로 식품, 생필품, 기념품 구매는 물론 ATM도 이용
가능하다. 규모가 크고 깔끔한 편이기 때문에 발리
여행객이라면 한 번쯤 꼭 들르게 되는 곳이다. 우붓
에서 가장 큰 마트이자 셔틀버스 정류장 앞에 있어
항상 여행객들로 붐비는 우붓의 랜드마크다. 과일
이 먹고 싶다면 잘라서 파는 열대 과일을 사면 편하
다. 가격은 빈땅 슈퍼마켓, 델타 마트가 조금 더 저렴하지만 큰 차이가 없다. 참고로 소주는 델타 데와타 슈
퍼마켓Delta Dewata Supermarket에서 살 수 있다.

파리를 떠올리게 하는 베이커리 겸 카페

무슈 스푼 우붓 Monsieur Spoon Ubud

주소 No.99, Jl. Hanoman No.10, Ubud, Kabupaten Gianyar, Bali 80571, Indonesia **위치** 코코 슈퍼마켓
에서 베벡 벵길(Bebek Bengil) 레스토랑 방면으로 도보 1분 **시간** 7:00~21:00 **가격** 18k(크루아상), 45k(초코 케
이크) **홈페이지** www.monsieurspoon.com **전화** +62 878-6280-8859

2012년 파리에서 온 주인장이 운영하는 프랑스 베이커리 겸 카페로, 가족끼리 운영하며 우붓 외에도 스미
냑, 짱구 등 발리에 총 5개 지점이 있다. 참고로 카페 규모는 짱구 지점이 가장 크다. 우붓 지점은 코코 슈퍼
마켓 바로 옆에 있어 접근성이 좋으며 크루아상과 베이커리류는 프랑스를 떠올리게 할 만큼 맛있다. 우붓에
서 거의 유일하게 제대로 만든 프랑스 빵을 먹을 수 있는 곳으로, 아침부터 늘 손님이 많다. 그래놀라 볼 또
한 인기 메뉴며 초콜릿이 들어간 핫 초콜릿과 카페 모카도 인기다. 자연스럽고 편안한 우드 인테리어와 수
풀로 둘러싸인 테라스 자리는 이곳이 발리임을 잠시 잊게 만든다. 샌드위치류보다는 확실히 크루아상이 강
하다. 또한 한 달에 한 번 아이들을 위한 베이킹 클래스가 진행돼 아이와 함께 가는 여행자라면 기억에 남는
경험을 할 수 있다. 일정은 무슈 스푼 공식 페이스북에서 확인할 수 있다.

 벨기에에서 온 레스토랑
후즈 후 Who's Who

주소 Jl. Raya Pengosekan Ubud, Ubud, Kecamatan Ubud, Kabupaten Gianyar, Bali 80571, Indonesia 위치 우붓 코코 마트에서 알라야 리조트 방면으로 라야 펭고세칸 우붓(Jl. Raya Pengosekan Ubud) 거리 따라 400m 직진(도보 5분) 시간 12:00~22:00 가격 70k(펜네 파스타), 100k(튜나 타르타르) *봉사료 15% 별도 홈페이지 www.whoswhosworld.com/ 전화 +62 812-3721-2235

벨기에에서 온 셰프와 발리니스 여자친구가 2014년부터 운영하는 아늑한 분위기의 레스토랑이다. 우붓 중심가에서 조금 떨어져 있어 한적한 분위기에서 식사를 즐길 수 있다. 수프, 커리, 파스타 등 익숙한 요리에 식재료, 향신료 등 로컬 요리법을 가미했다. 한국인 입맛에도 잘 맞는 메뉴가 많아 로컬 요리에 지쳤다면 후 즈 후에 가 보기를 추천한다. 오두막형 외관으로 낮에는 평화롭고, 저녁에는 은은한 조명이 깔려 데이트하 기 좋은 분위기다. 가게 안은 다소 덥지만 화장실도 깨끗하고 직원들도 친절해서 갈 때마다 기분이 좋아지 는 곳이다.
가운데가 비어 있는 원통 모양의 팬네 파스타, 참치 타르타르, 치킨 커리가 인기 메뉴다. 참치 타르타르에는 고수가 들어가 있으니 고수를 못 먹으면 미리 얘기하는 걸 추천한다. 참고로 튜나 타르타르에 이어 이탈리 아식 육회인 비프 카르파치오Beef Carpaccio와 태국식 치킨스프인 '톰카Tom Kha'도 인기 메뉴다.

 100% 유기농만 사용하는 건강식 레스토랑
카페 Kafe

주소 Padangtegal, Jalan Hanoman No.44B, Ubud, Kabupaten Gianyar, Bali 80571, Indonesia 위치 무슈 스푼 우붓에서 하노만(Jl. Hanoman) 거리 북쪽으로 도보 5분 시간 7:00~23:00 가격 45k(지중해식 오믈렛), 45k(아보카도 토스트) 홈페이지 kafe-bali.com 전화 +62 811-1793-455

2005년 우붓에 문을 연 카페는 100% 유기농, 현지 재료만 사용하는 레스토랑으로, 주로 지역 농부에게서 신선한 농산물을 공수해 온다. 아기자기한 카페가 많은 하노만 거리의 중심부에 있어 위치 또한 찾기 쉽다. 몸에 좋은 채식 메뉴가 메인이어서 풀밖에 없을 것 같지만, 멕시칸부터 이탈리안까지 다양한 종류의 메뉴가 있다. 아침 식사를 하는 여행객이 많아 오전부터 사람이 많으며, 특별난 맛의 메뉴는 없지만 편안한 분위기 때문에 모임 장소로 자주 찾는 곳이다. 커피 한잔과 함께 여유롭게 책을 읽기도 좋다. 저녁이라면 간단하게 술 한잔하기 좋으며, 아침 식사로는 몸에 좋은 파프리카, 토마토 바질이 들어간 지중해식 오믈렛과 아보카 도가 들어간 모닝 에그 샌드위치가 인기다. 팬케이크는 글루텐 프리 옵션으로 먹을 수 있다.

 엉망진창 귀여운 콘셉트 숍
마까시 숍 Makassi Shop

주소 Jl. Monkey Forest, Ubud, Kabupaten Gianyar, Bali 80571, Indonesia 위치 우붓 몽키 포레스트에서 비스마(Jl. Bisma) 거리 방면 북서쪽으로 도보 약 9분 시간 9:00~21:00 가격 250k(텀블러), 50k(귀걸이) 홈페이지 makassi-ubud.business. site/ 전화 +62 853-3744-0389

노랑, 분홍, 네온 핑크와 같은 눈에 띄는 색깔로 가득 채워진 가게가 여행객의 발길을 붙잡는 곳이다. 의 류, 파인애플 모양 텀블러, 아이언맨 장갑, 우유팩 모 양 귀걸이까지 쓸데없지만 갖고 싶은 소품들이 가득 하다. 감각적이고 트렌디한 의류와 소품을 구경하 는 재미가 있다. 우붓 외에 꾸따와 스미냑에도 마까 시 숍이 있으니 한번쯤 구경해 보는 것도 좋다.

 우붓에서 가장 핫한 풀 카페
포크 풀 앤 가든즈 Folk Pool & Gardens

주소 Jl. Monkey Forest, Ubud, Bali, 80571, Indonesia 위치 우붓 몽키 포레스트에서 북쪽 방향으로 약 550m 직진 후 스리 몽키즈(Three Monkeys) 맞은편 시간 11:00~21:00 요금 12:00 이전 입장 : 수영장 무료, 12:00 이후 입장 : 75k / 데이 베드 대여료 350k(과일 꼬치, 수건, 물 포함), 110k(프로즌 마가리타) 홈페이지 www. folkubud.com 전화 +62 361-908-0888

몽키 포레스트 거리 따라 올라가면 나오는 포크Folk 레스토랑이 수영장과 바를 갖춘 풀 카페로 확장하며 SNS에서 유명세를 타고 있다. 정신없는 관광지인 몽키 포레스트 거리에서 사람들을 피해 여유를 즐길 수 있다. 시원한 수영장에 풍덩 몸을 담그기도 하고, 빈백에 기대 한적하게 책을 읽을 수도 있다. 수영 후에는 코코넛 워터로 수분을 재충전하거나 칵테일을 홀짝이기 좋으며, 추천 칵테일은 프로즌 마가리타다. 인기가 많은 풀 카페인지라 성수기의 경우 수영장과 가까운 데이 베드는 늘 자리가 없으니 미리 예약하는 것을 추천한다. 탈의실과 샤워실도 잘 갖춰져 있어 몸만 가면 된다. 이국적인 분위기의 풀 카페에서 여행의 여유로움을 만끽해 보자. 주말에는 대형 스크린으로 영화를 보여 주는 행사가 있다.

 우붓에서 유명한 채식주의 식당
얼스 카페 앤 마켓 우붓 Earth Cafe & Market Ubud

주소 Jl. Goutama Sel., Ubud, Bali 80571, Indonesia **위치** 하노만 거리(Jl. Hanoman)에서 고타마(Jl. Goutama Sel.) 거리 방면으로 죄회전해 초입 **시간** 9:00~21:00 **가격** 49k(팔라펠), 59k(드래곤 볼), 75k(예루살렘 믹스 랩) **홈페이지** www.earthcafebali.com **전화** +62 361 9080611

우붓에서 요즘 핫한 가게들이 모여 있는 고타마 골목 초입에 있는 식당이다. 이곳은 우붓이 왜 채식주의자에게 천국인지 알 수 있는 곳이다. 총 2층으로 크고 인테리어가 시원한 얼스카페는 요가, 히피, 자연주의를 추구하는 사람들이 모인 우붓에서도 유명한 맛집이다. 채식주의 식당인 만큼 자극적인 요리는 없지만, 재료 고유의 맛을 살려 담백하고 감칠맛이 살아 있는 음식을 다양하게 갖추고 있다. 덕분에 고기를 좋아하는 사람이라도 맛있게 식사할 수 있다. 1층보다는 타원형의 2층이 전망과 분위기가 좋으니 2층에 앉기를 추천한다. 인기 메뉴는 예루살렘 믹스 랩과 템페 누들 샐러드다. 예루살렘 믹스 랩은 고기 대신 밀로 만든 고기와 고소한 참깨 소스를 넣고 돌돌 만 랩으로 고구마튀김이 곁들여져서 나온다. 1층에서는 신선한 야채, 과일부터 말린 과일, 그래놀라, 허브 차와 같은 건강식품을 구입할 수 있다.

커피 애호가라면 가 봐야 할 곳
우붓 커피 로스터리 Ubud Coffee Roastery

주소 Jl. Goutama Sel., Ubud, Kabupaten Gianyar, Bali 80571, Indonesia 위치 고타마(Goutama) 거리에서 키스멧(Kismet) 레스토랑을 기준으로 우회전 후 도보 1분 시간 9:00~17:00 가격 25k(아메리카노), 30k(카푸치노) 홈페이지 ubudcoffeeroastery.com/ 전화 +62 811-3882-655

무드라, 키스멧 등 인기 많은 카페, 레스토랑이 모인 고타마 골목 초입에 있다. 생긴 지 얼마 되지 않아 유명하지는 않지만 한 번 방문한 사람들의 재방문이 많은 곳이다. 다섯 테이블 정도 있는 작은 규모의 가게지만 에어컨이 잘 갖춰져 있어 실내가 쾌적하며 인터넷 속도도 빠른 편이다. 가게 이름에서부터 느껴지듯 음료 중 커피 메뉴가 주를 이룬다. 카페 주인이 직접 원두를 로스팅하며 커피에 자신 있는 집인 만큼 인공 시럽을 가미한 커피는 팔지 않는다. 코코넛 라테 같은 달콤한 커피를 원할 경우에는 라테에 수제 시럽인 코코넛 넥타nectar를 따로 주는데 진하고 고소한 코코넛 라테로 마실 수 있다.

우붓의 밤을 흥겹게 해 주는 칵테일 바
노 마스 바 No Más Bar

주소 Jl. Monkey Forest, Ubud, Kecamatan Ubud, Kabupaten Gianyar, Bali 80571, Indonesia 위치 몽키 포레스트에서 Jl. Monkey Forest 방면 북쪽으로 약 650m 직진 (도보 약 10분) 시간 17:00~23:00 가격 60k(프라이드 치킨), 80k(마마시타), 35k(빈땅) 홈페이지 https://www.nomasubud.com/ 전화 +62 361-9080800

한적한 자연 풍광과 조용한 카페로 유명한 우붓에서도 라이브 음악과 수제 칵테일을 즐기며 춤을 출 수 있는 신나는 바가 있다. 우붓 다운 타운 맞은편에 위치한 2층 건물의 펍으로 매일 다른 공연을 하는 곳이다. 밴드와 DJ가 번갈아면서 오기 때문에 매번 장르는 다르지만 락, 힙합, 데스메탈 등 다양한 분위기를 경험할 수 있다. 누가 시킨것도 아는데 밤이 깊어가면서 분위기가 무르익으면 다같이 춤추는 분위기가 된다. 알콜에 진심인 바텐더들이 만드는 수제 칵테일도 노마스 바의 인기 메뉴다. 안주로 추천하는 메뉴는 바삭한 우붓 프라이드 치킨과 피시 앤 칩스 혹은 비건 타코 마마시타다. 우붓에 오래 머무르거나 프라이빗한 파티를 원한다면 노 마스 바를 전체로 빌릴 수도 있다.

푸스파스 와룽 Puspa's Warung

주소 Jl. Goutama Sel., Ubud, Kabupaten Gianyar, Bali 80571, Indonesia 위치 코코라또 맞은편 시간 12:15~21:00 가격 25k(나시고렝), 25k(가도가도), 25k(치킨 사테) 홈페이지 puspas-warung.business.site 전화 +62 851-0264-3830

와룽Warung은 인도네시아어로 작은 식당 혹은 상점을 뜻한다. 이곳은 '푸스파의 식당'이라는 뜻으로 외국인들의 사랑을 듬뿍 받는 인도네시아 음식 전문점이다. 소규모 식당으로 실외 좌석이 전부며, 에어컨이 없어 다소 덥다. 그러나 믿기지 않는 착한 가격 때문인지 낮에도 늘 손님이 많다. 각 음식의 양은 적은 편이며, 엄마가 집에서 만든 집밥 같은 느낌이다. 인기 메뉴는 인도네시아식 땅콩 샐러드인 가도가도, 여러 가지 반찬과 밥이 나오는 백반 느낌의 나시짬뿌르, 인도네시아식 볶음밥 나시고렝 등이다. 한국인이 먹기에는 향이 강한 편이라 그렇게 추천하지는 않는다.

요구르트 아이스크림의 정석을 보여 주는 곳
프로즌 요기 | Frozen Yogi

주소 Jl. Dewisita, Ubud, Kabupaten Gianyar, Bali 80111 Indonesia 위치 포크 풀 앤 가든즈에서 우붓 왕궁 방향 오르막길로 약 550m 직진 시간 10:00~23:30 가격 25k(100g당) *택스 미포함 홈페이지 myfrozenyogi.com 전화 +62 361-479-2651

아이스크림 종류부터 토핑까지 원하는 것만 골라 나만의 아이스크림을 만들 수 있는 아이스크림 전문점이다. 플레인, 초콜릿, 쿠키 앤 크림, 블루베리 등 총 8가지 종류의 요구르트 아이스크림 중 선택이 가능하다. 모든 아이스크림은 무지방, 유기농으로 만들어져 몸에도 좋고 맛도 좋다. 토핑의 종류가 굉장히 많은데 생과일부터 초콜릿, 비스킷, 그래놀라, 견과류 등이 있다. 그중 원하는 토핑을 고를 수도 있고, 아이스크림만 먹을 수도 있다. 토핑을 다 고른 후 무게에 따라 가격이 정해진다.

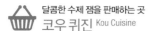

달콤한 수제 잼을 판매하는 곳
코우 퀴진 Kou Cuisine

주소 Jl. Monkey Forest, Ubud, Kabupaten Gianyar, Bali 80571, Indonesia 위치 우붓 왕궁에서 몽키 포레스트(Jl. Monkey Forest) 거리 방면으로 약 700m 직진 후 드와 호텔(Dewa Hostel) 맞은편 시간 9:45~18:45 가격 40k(500g 1병) 홈페이지 www.facebook.com/koucuisine.jam 전화 +62 812-4556-9664

깔끔한 선물을 하고 싶다면 리스트에 꼭 넣어야 할 곳으로, 작은 가게지만 맛있고 몸에 좋은 수제 잼을 판매한다. 2008년 우붓에 자리를 잡은 후 한국, 일본 관광객에게 특히 인기가 많다. 망고, 애플 시나몬 맛을 포함해 6가지 잼이 있다. 500g 용량에 40,000Rp로 가격도 저렴한 편이다. 포장이 깔끔하며 기내 혹은 이동 중에도 새지 않도록 포장이 견고하게 되어 있어 걱정할 필요가 없다. 인기 메뉴는 밀크

캐러멜과 망고 잼이다. 새로 나온 초코 프랄린 맛 또한 토스트나 요구르트와 잘 어울린다. 도보 3분 거리에 코우Kou 브랜드의 수제 비누를 판매하는 곳도 둘러보기를 추천한다. 한 가지 아쉬운 점은 카드 결제가 안 돼서 현금을 가져가는 게 좋다.

향기로운 천연 유기농 제품을 판매하는 곳
레몬그라스 숍 Lemongrass Shop

주소 Jl. Gootama No.5, Ubud, Kabupaten Gianyar, Bali 80571 Indonesia 위치 푸스파스 와룽에서 북쪽으로 도보 5분 후 비아비아 레스토랑 바로 옆 시간 9:00~20:00 가격 35k(천연 샴푸), 45k(보디 스크럽) 전화 +62 821-4650-8050

천연 제품만 만들어 판매하는 곳으로 보디 스크럽, 아로마 오일, 향수까지 다양한 제품이 있다. 우붓에 와서 건강한 라이프스타일을 추구하는 사람이 많은 만큼 몸에도 이롭고 향도 오래 가는 제품을 써 보는 것도 좋은 선택이 될 것이다. 구매하지 않더라도 구경하는 것만으로도 재미가 쏠쏠하다. 단 가게 오픈 시간이 들쭉날쭉하니 일부러 찾아가기보다는 근처 식당에 온 김에 둘러보는 것을 추천한다.

당장 SNS에 업로드하고 싶은 비건 프렌들리 카페
클리어 카페 Clear Cafe

주소 Jl. Hanoman No.8, Ubud, Kecamatan Ubud, Kabupaten Gianyar, Bali 80571, Indonesia **위치** 얼스 카페 앤 마켓 우붓에서 하노만(Jl. Hanoman) 거리로 직진 도보 4분 **시간** 8:00~23:00 **가격** 55k(스무디 볼), 60k(아침 브리또), 30k(카푸치노) **홈페이지** https://clearcafebali.com/ **전화** +62 878-6219-7585

발리 카페 골목에 위치해 있는데 동그라미 문을 열고 들어서면 전혀 다른 공간에 들어온 느낌이 든다. 우붓 카페 중 힙한 곳으로 유명만큼 다른 카페와는 다른 클리어 카페만의 분위기가 있다. 입구에서부터 다른점이 느껴지는데 입구에서 주는 가방에 신발을 넣고 카페는 맨발로 이용한다. 그래서인지 더 편안하게 쉴 수 있는 느낌이다. 실내카페지만 거의 오픈되어 있는 구조로 바닥에 앉을 수도 있고 테이블에 앉을 수도 있다. 카페 공간이 넓은 편이라 차분하고 예술적인 느낌이 들고 지하부터 2층까지 재미있는 구조로 되어있다. 각 층별로 지하에는 스파가 있고, 1층에는 좌식 좌석과 잉어가 있다. 사실 음식이 엄청 맛있다기 보다는 인스타 그래머블하고 경험해 보기 좋은 카페다. 추천 메뉴는 팟타이와 캐슈밀크가 들어간 비건 초코 쉐이크다. 비건이라고 하지 않으면 모를 정도로 부드럽고 카카오 맛이 풍부하게 느껴진다. 다양한 비건 메뉴부터 에코프렌들리한 카페로 에어컨은 없지만 개방된 구조라 발리의 뜨거운 햇빛을 피해 들어와 있기 좋다.

조용한 분위기 속에서 당 충전하기 좋은 곳
캐러멜 CarameL

주소 Jalan Hanoman No.4 B, Ubud, Gianyar, Bali 80571, Indonesia **위치** 얼스 카페 앤 마켓 우붓 에서 하노만(Jl. Hanoman) 거리로 직진 도보 5분 **시간** 12:00~18:00 **가격** 23k(에스프레소), 35k(플랫 화이트), 40k(돔 케이크) **홈페이지** www.caramel-ubud. com **전화** +62 361-970-847

카페 많은 하노만 거리 중에서도 숨겨진 보석 같은 곳이다. 간판이 눈에 띄지 않아 얼핏 지나치기 쉽지만 우붓에서 맛있는 케이크를 맛볼 수 있는 몇 안 되는 카페다. 여행 정보 앱에서도 우붓 내 인기카페 10위 안에 든다. 솔티드 캐러멜이 들어간 진한 초코 무스가 맛있는 돔Dome 케이크, 다크초콜릿과 상큼한 체리가 들어간 블랙 포레스트Black Forest가 인기다. 디저트 덕후라면 단맛에 대한 갈증이 단번에 충족될 것이다. 커피 메뉴 중에서는 깔끔한 콜드브루 커피, 고소하고 진한 맛의 피콜로 라테가 인기다. 카페는 총 2층으로 1층에 에어컨이 구비돼 있다. 2층은 에어컨이 없지만 바람이 솔솔 불어오는 구조로 1층보다 넓고 편안한 분위기이다.

 없는 것 없는 흥겨운 시장
우붓 트래디셔널 마켓 Ubud Traditional Market

주소 Jalan Raya Ubud No.35, Ubud, Kabupaten Gianyar, Bali 80571, Indonesia 위치 우붓 왕궁 맞은편
시간 6:00~18:00

우붓 왕궁 바로 옆에 있는 우붓의 전통 시장으로, 다양한 기념품을 한 번에 만날 수 있다. 보통 패키지 여행
코스에 들어가 있어 우붓에서 한국인 관광객을 가장 많이 볼 수 있는 곳이기도 하다. 인기 많은 기념품인 드
림 캐처, 라탄 가방, 은 액세서리, 향신료, 그릇, 옷, 과일 등 여러 수공예품 등을 구경하는 재미가 쏠쏠하며,
같은 가게에서 여러 개를 구매할 시 더욱 저렴한 가격에 살 수 있다. 그러나 바가지 가격으로 유명한 곳이기
도 해서 정가의 3~4배는 높게 부르니 우붓 시장에서 쇼핑하기 위해서는 흥정의 달인이 돼야 한다. 동일한
제품으로 보이더라도 가죽의 질, 짜임새 등 가게마다 디테일이 다르기 때문에 꼼꼼히 확인하고 구매하는 것
을 추천한다.

 우붓을 대표하는 소박한 왕궁
우붓 왕궁(뿌리 사렌 아궁) Ubud Palace(Puri Saren Agung)

주소 Jl. Raya Ubud No.8, Ubud, Kabupaten Gianyar, Bali 80571, Indonesia 위치 우붓 트래디셔널 마켓 맞은편 시간 8:00~19:00 요금 무료 홈페이지 www.ubudpalace.com

우붓의 마지막 왕이 살던 왕궁으로 단체 관광객을 비롯해 수많은 여행자가 찾는 곳이다. 왕궁이라 불리지만 왕궁이라고 하기에는 작은 규모이며, 발리만의 문화를 잘 간직한 소박함이 살아 있는 전통 문화 관광지라 할 수 있다. 우붓 트래디셔널 마켓 바로 옆에 있어서 시장과 묶어 구경하기 좋다. 아직까지 왕족의 후손들이 살고 있으며, 실 거주 공간을 제외하고는 내부 관람이 가능하다. 낮보다 야경이 아름다운 곳으로 성수기인 6월부터 11월까지는 저녁 7시 30분부터 레공Legong, 바롱Barong 댄스와 같은 발리의 전통 공연을 관람 할 수 있다. 공연 가격은 100k, 소요 시간은 1시간 30분 정도니 근처 레스토랑을 예약한다면 시간을 여유롭 게 잡는 것이 좋다.

 아름다운 연꽃 사원
사라스와띠 사원(뿌라 따만 사라스와띠) Saraswati Temple(Pura Taman Saraswati)

주소 Jalan Kajeng, Ubud, Kabupaten Gianyar, Bali 80571, Indonesia 위치 카페 로투스 바로 뒤

일명 '연꽃 사원'이라 불리는 사라스와띠 사원은 우붓 중심가에 위치한 발리 전통 구 조의 작은 사원이다. 아름다운 연꽃이 사원 주변을 둘러싸고 있고, 야경이 아름답기로 유명하다. 저녁 7시 30분부터 전통 공연이 열리니 미리 자리를 잡고 구경하는 것도 좋 다. 바로 뒤의 로투스카페에서 야경을 즐기 며 식사를 할 수 있으나 유명세 대비 맛있지 는 않다는 평이 있으니 참고하자. 근처 스타 벅스에서 야경을 감상하는 것도 추천한다.

사라스와띠 사원의 야경을 볼 수 있는 별다방
우붓 스타벅스 Starbucks Ubud

주소 Jalan Raya Ubud, Ubud, Kabupaten Gianyar, Bali 80571, Indonesia 위치 사라스와띠 사원 앞 시간 8:00~21:00 가격 44k(아메리카노), 68k(그린티 프라푸치노) 홈페이지 www.starbucks.co.id/ 전화 +62 361-970-705

전 세계 어디에서도 찾을 수 있는 프랜차이즈 카페지만 우붓의 스타벅스는 특별하고 색다르다. 가장 아름다운 스타벅스 매장 중 하나로 사라스와띠 사원Saraswati Temple과 연꽃 정원이 보이고 발리 전통 문화의 분위기가 나면서도 현대적인 느낌이다.

국가마다 시즌별로 판매하는 음료가 다르기 때문에 인도네시아에서만 판매하는 음료를 마셔 볼 수 있는 것도 또 다른 재미다. 스타벅스에서 그 도시에서만 판매하는 시티 머그나 시티 텀블러를 수집하는 것이 취미인 사람이라면 기념품을 구입하기에도 좋다.

커피 박물관을 떠올리게 하는 카페
세니만 커피 스튜디오 Seniman Coffee Studio

주소 Jalan Sriwedari No. 5, Banjar Taman Kelod, Ubud, Kabupaten Gianyar, Bali 80561, Indonesia 위치 우붓 왕궁에서 우붓(Jl. Raya UBud) 거리로 직진 후 스리 웨다리(Jl. Wedari) 거리 방면으로 좌회전해 도보 2분 시간 7:30~22:00 휴무 수요일 가격 31k(아메리카노), 35k(카페 라테), 70k(에그 인 헬) 홈페이지 www.senimancoffee.com 전화 +62 361-972-085

우붓에서 제일 맛있는 커피를 마실 수 있는 곳으로 알려진 세니만 카페 스튜디오. 커피에 대한 열정이 가득한 바리스타가 원두별 특징을 친절하게 설명해 주며, 원두의 선택지가 무려 17개에 달한다. 원두 외에도 커피 프레스, 모카 포트 등 다양한 커피용품이 진열돼 있어 흡사 커피 박물관을 떠오르게 한다. 커피 주문 시 함께 나오는 코코넛 쿠키가 중독성 있는 맛이며, 독특하고 세련된 세팅을 해 준다. 직접 커피를 내리는 모습과 함께 여러 종류의 원두 시음 기회가 있는 바에 앉는 것을 추천한다. 디저트류 중에서는 블루베리 크림치즈 타르트가 인기다. 또한 질 좋은 원두를 팔기 때문에 커피 애호가라면 이곳에서 원두를 사는 것도 좋은 기념품이 될 것이다.

루프톱에서 아침 식사를 즐길 수 있는 곳
데일리 바게트 Daily Baguette

주소 Jl. Raya Ubud No.27, Sayan, Ubud, Kabupaten Gianyar, Bali 80571, Indonesia **위치** 알라야 리조트에서 타코 카사 방면으로 도보 2분 후 푼디 (Pundi) 레스토랑 옆 **시간** 6:30~20:30 **가격** 55k(샌드 위치), 35k(레몬 타르트), 25k(크루아상) **홈페이지** daily-baguette.com **전화** +62 812-3998-5709

바게트, 크루아상 등 다양한 종류의 빵과 커피가 있는 베이커리 겸 카페다. 간단한 샌드위치와 커피로 아침 식사를 하기 좋으며 루프톱이 있어 여유로운 분위기를 즐길 수 있다. 그러나 빵류는 딱히 맛이 훌륭하지 않으며 다소 딱딱하고 눅눅한 빵이 많다. 카페 내부는 깨끗하고 좌석이 넓은 편이라 노트북이나 책을 챙겨 가서 오랜 시간 있어도 눈치 보이지 않는다. 큰 크루아상뿐 아니라 미니 사이즈도 있으니 여러 종류를 맛보기 좋다. 디저트류 중에는 레몬 타르트와 레인보우 치즈케이크가 인기다.

한식 생각이 간절하다면 지금 이곳으로
클라우드 나인 우붓 Cloud Nine Ubud Pub and Co

주소 Jl. Raya Lungsiakan, Kedewatan, Kecamatan Ubud, Kabupaten Gianyar, Bali 80561, Indonesia **위치** 만다파 리츠칼튼 호텔에서 Jl. Raya Lungsiakan 방면으로 약 800m 직진(도보 약 11분) **시간** 10:00~22:00 **가격** 55k(돌솥 비빔밥), 55k(치즈 떡볶이), 69k(삼겹살) **전화** +62 361-9083859

우붓에 이렇게 맛있는 한식당이 있는 줄 몰랐다. 짧은 여행이라면 한식을 굳이 먹을 필요가 없지만 장기투숙하는 경우 한식이 먹고 싶은 날이 분명 있다. 특히 발리 음식이 입맛에 맞지 않거나 힘들어 하시는 부모님과 함께하는 여행이라면 클라우드 나인이 실망시키지 않을 것이다. 화려하진 않지만 아늑한 인테리어가 오히려 더 한국에 온 것 같은 느낌을 나게 한다. 따뜻한 돌솥비빔밥, 순두부찌개, 삼겹살부터 반반치킨까지 거의 모든 한식 메뉴가 다 있다. 사실 전 메뉴 다 인기가 많지만 그 중 돌솥 제육 비빔밥, 삼겹살, 된장찌개가 유명하다. 삼겹살은 노릇노릇하게 구워 쌈장, 상추와 함께 나와 오히려 덥지 않게 먹기 좋다. 참이슬, 처음처럼과 같은 소주도 판매 중이다. 우붓 시내와는 조금 떨어진 한적한 곳에 위치하고 있지만 한식이 먹고 싶을 때 방문하면 후회하지 않을 것이다.

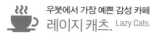

우붓에서 가장 예쁜 감성 카페
레이지 캐츠. Lazy Cats.

주소 Jl. Raya Ubud No.11, Ubud, Kecamatan Ubud, Kabupaten Gianyar, Bali 80571 Indonesia 위치 우붓 왕궁에서 뿌리 루카산(Puri Lukisan) 방면 우붓(Jl. Raya Ubud) 거리를 따라 500m 직진 시간 8:00~21:00(토요일 15:00 종료) 휴무 수요일 가격 25k(아메리카노), 45k(그린 스무디) 홈페이지 www.lazycats-bali.com 전화 +62 812-4652-4975

오픈과 동시에 SNS에서 화제가 된 곳으로, 들어가는 입구부터 빈티지한 분위기와 고급스러운 샹들리에 등의 인테리어가 눈길을 사로잡는다. 계단을 따라 올라가면 채광이 잘되는 미술관 같은 카페가 펼쳐진다. 아늑하고 사랑스러운 공간에 음료도 맛있다. 밤보다는 해가 드는 낮에 가면 좋은 카페다. 다만 천장에 실링팬이 있지만 에어컨이 없어 한낮에는 더울 수 있다. 채식주의자를 위한 메뉴가 다양하며, 아침 식사를 위해 찾는 여행객이 많다. 음료 중에서는 아메리카노, 그린 스무디가 인기 메뉴로 택스 10%, 봉사료 6~10%가 붙는다. 자체 제작한 에코백, 티셔츠, 원두를 판매 중이어서 실용성 있는 기념품을 구매할 수도 있다.

평화로운 정원에서 현지 음식을 맛볼 수 있는 곳
와룽 쁠라우 끌라파 Warung Pulau Kelapa Indonesian Cuisine

주소 Jl. Raya Sanggingan, Lungsiakan, Kedewatan, Ubud, Kabupaten Gianyar, Bali 80561, Indonesia 위치 네카 아트 뮤지엄에서 남쪽으로 도보 4분 시간 8:00~21:00 가격 55k(나시고렝), 60k(른당), 55k(치킨 사테) 전화 +62 361-971-872

인도네시아 음식을 전문으로 하는 네카 아트 뮤지엄 근처의 레스토랑이다. 제법 큰 규모의 레스토랑으로 아름다운 정원이 있으며, 근처 텃밭에서 직접 키운 채소로 만드는 현지 음식을 맛볼 수 있다. 정원 속에 레스토랑이 있어 전망을 즐기려면 점심 때 가기를 추천한다. 실내와 야외 좌석 모두 분위기가 좋으니 메뉴 주문 후 정원을 한 바퀴 둘러보는 것도 좋다. 또한 모든 음식에 화학 첨가물, 보존료가 들어가지 않아 안심하고 먹을 수 있다. 른당, 사테, 가도가도와 같은 현지 음식도 동남아 특유의 향이 강하지 않아 부담이 없다. 디저트로는 홈메이드 코코넛 아이스크림을 추천한다. 주차가 가능해 가이드 차량이나 오토바이를 가져가기 수월하다.

발리에 대한 애정이 가득 담긴 미술관
네카 아트 뮤지엄 Neka Art Museum

주소 Jalan Raya Sanggingan Campuhan, Kedewatan, Ubud, Kabupaten Gianyar, Bali 80571, Indonesia 위치 와룽 빨라우 끌라파에서 상깅안(Jl. Raya Sanggingan) 거리 방면으로 도보 5분 시간 9:00~17:00, 12:00~17:00(일) 요금 75k, 무료(12세 이하) 홈페이지 www.museumneka.com 전화 +62 361-975-074

예술가들의 마을로 유명한 우붓의 3대 미술관 중 하나다. 발리의 유명 화가 수테자 네카Suteja Neka에 의해 1982년 개관됐다. 우붓의 짬뿌안 길에 있으며, 유명한 맛집 누리스 와룽Nuri's Warung 맞은편에 있다. 개관 당시 100여 점의 컬렉션으로 시작했으나 현재는 400여 점이 넘는 미술품을 소장하고 있다. 17세기경부터 현대까지 시대별로 유명한 동서양 예술가들의 작품을 만나 볼 수 있다. 주로 서양인들의 시각에서 그려진 작품들이 많으며, 미술 작품뿐 아니라 무용과 결혼식에서 사용되는 단검도 고루 갖추고 있다. 흔히 기대하는 세련된 미술관은 아니지만 어딘가 엉성한 느낌이 더욱 발리의 분위기와 어울린다. 작은 마을, 발리니스 문화, 신앙 활동, 생활 속 관습이 그림 속에 자연스럽게 녹아들어 발리 역사를 훑어볼 수 있다. 네덜란드 출신인 아리 스미트Arie Smit의 작품이 가장 인기 있는 작품 중 하나로, 그만의 색채와 19세기 인상파의 기법은 발리의 다른 화가들에게 큰 영향을 주었다고 한다.

여유로운 우붓의 분위기를 그대로 가지고 있는 커피 맛집
피존 우붓 Pison, Ubud

주소 Jl. Hanoman No.10X, Ubud, Kecamatan Ubud, Kabupaten Gianyar, Bali 80571, Indonesia 위치 몽키 포레스트에서 코코 슈퍼마켓 방면으로(Jl. Monkey Forest) 방면으로 280m 직진 후 좌회전 시간 7:00~22:00 휴무 수요일 가격 65k(팬케이크), 95k(치킨 프리카세), 38k(아이스 라테) 전화 +62 813-3774-9328

발리스러운 카페를 기대하고 있다면 이곳이 딱이다. 우붓의 논뷰가 아름다운 카페로 채광 좋은 낮과 조명이 들어오는 저녁 둘 다 아름다운 곳이다. 우붓만의 분위기와 차분한 분위기를 좋아하는 이들에게 꼭 추천하고 싶은 곳이다. 세련되고 감각적이면서도 라테 맛집으로도 유명하다. 밸런스가 잘 잡혀있는 원두에 물이 아닌 우유 큐브가 들어가 있어 처음에는 진한 에스프레소맛을 그리고 점점 우유 큐브가 녹으며 라테로 변해가는 맛을 느낄 수 있다. 아보카도 커피도 이곳의 시그니처 메뉴로 아보카도를 좋아한다면 한번 시도해 보자. 식사류도 괜찮은 몇 안 되는 카페로 레드벨벳 버거, 치킨 머쉬룸 파이, 포크밸리 라이스 등 대부분의 식사 메뉴도 먹음직스럽다. 전체적으로 탁 트여있는데다가 테라스 자리까지 있어 여유로운 마음으로 오후 시간을 보내기 좋다.

발리 스타일의 정원에서 받는 마사지
우붓 트래디셔널 스파 Ubud Traditional Spa

주소 Jl. Padang Linjong No.39, Canggu, Kec. Kuta Utara, Kabupaten Badung, Bali 80361, Indonesia 위치 우붓 왕궁에서 차로 약 11분(픽업 서비스 이용 가능) 시간 10:00~22:00 가격 234k(라이스 파머 마사지 60분), 390k(우붓 로열 마사지 60분) *10% 택스 미포함 홈페이지 www.ubudtraditionalspa.com / 카카오톡 ID ubudspa(영어 문의만 가능) 전화 +62 877-6158-4407

우붓에서 유명한 스파로, 동남아에서의 마사지를 떠올릴 때 기대하는 모든 것을 느낄 수 있다. 가격 대비 시설과 서비스가 만족스러우며, 발리 전통 스타일의 가옥과 정원에서 마사지를 받을 수 있다. 장소는 다소 외진 곳에 있지만 2인 이상 예약하면 무료로 픽업 서비스를 제공해 큰 문제가 없다. 마사지 시작 전에는 역시 웰컴 드링크와 손 타월을 제공한다. 대기하는 동안 마사지에 사용될 오일을 설명해 주는데 레몬그라스, 일랑일랑, 플라워, 프랑지파니 중 선택할 수 있다. 잉어가 헤엄치는 작은 연못과 풀이 무성한 정원을 걸어가면 독채 마사지 룸이 나온다. 각 룸마다 샤워실, 화장실, 에어컨이 구비되어 있고 시설은 청결한 편이다. 마사지 후에는 따뜻한 생강차와 과일을 준다. 필수는 아니지만 마사지 후 각자 받은 서비스에 만족하면 팁을 주기도 하는데, 따로 정해진 금액은 없다. 전화, 홈페이지, 카카오톡을 통해 예약할 수 있다. 참고로 라이스 파머 마사지가 발리 트래디셔널 마사지보다 압이 세고 시원하다.

로컬 농장에서 가져 온 신선한 재료만 쓰는 친환경 카페
무드라 카페 Mudra Cafe

주소 Jl. Goutama Sel. No.22, Ubud, Kecamatan Ubud, Kabupaten Gianyar, Bali 80571, Indonesia 위치 우붓 커피 로스터리에서 북쪽으로 57m 직진(도보 약 1분 거리) 시간 9:00~22:00 가격 70k(튜나 타코), 65k(드래곤 볼), 80k(아워뢰스티) 홈페이지 https://mudracafe.com/ 전화 +62 878-8868-8622

푸릇푸릇한 식물로 둘러싸인 입구 덕에 싱그러움과 프라이빗한 느낌이 동시에 느껴진다. 늘 인기있는 곳이라 웨이팅이 있는 편인데 팬데믹으로 인해 훨씬 한적하게 이용할 수 있다. 흔히 말하는 '힙'한 카페이기도 하지만 분위기도 좋고 음식도 맛있는 곳이다. 우붓만의 분위기와 특징을 잘 담고 있어 우붓하면 생각나는 카페이기도 하다. 모든 재료는 로컬 농장에서 가져오고 모든 메뉴는 매일 직접 만든다. '지속가능한'에 대한 가치를 중요하게 여기기 때문에 카페의 모든것은 95% 플라스틱 Free다. 다른 음식과 마찬가지로 코코넛 밀크도 100% 손으로 매일 짜고 있다. 인기 메뉴는 용과, 바나나, 망고 등 열대 과일이 들어간 드래곤 볼과 김으로 만든 김 타코Japanese seaweed taco다. 신선한 참치, 아보카도, 토마토, 갈릭 칩 등이 들어가는데 우리에게 익숙한 또띠아가 아닌 김에 싸서 나온다. 뢰스티라 불리는 스위스의 감자전 요리도 다른 곳에서는 보기 힘든 무드라만의 메뉴다. 참고로 카페 내부에는 신발을 벗고 들어가서 더 색다른 느낌이든다.

정글 사이를 가로지르는 짜릿한 그네 타기
발리 스윙 Bali Swing

발리의 유명 관광지 중 하나로, 코코넛 나무에 매달린 거대한 그네에 올라탄 뒤 하늘로 날아올라 우붓의 경치를 즐길 수 있다. 안전장치를 착용하고 그네에 탑승하기 때문에 걱정할 필요는 없다. 입장료에 무료 점심 뷔페와 음료가 포함돼 있으며, 9개의 스윙을 무제한으로 이용할 수 있다. 그네 이외의 새집과 같은 구조물에서도 사진 촬영이 가능하다. 그네는 무제한으로 이용 가능하지만 실제로는 한 그네당 대기 시간이 길기 때문에 여러 번 타기는 무리다. 오전 8시에 오픈하자마자 가면 혼잡함이 덜하다. 그러나 가격 대비 만족도가 낮기 때문에 자전거 투어 시 식사를 하는 그린 꾸부Green Kubu에서 스윙을 타는 방법도 추천한다.

주소 Abiansemal, Jalan Dewi Saraswati No.7, Bongkasa Pertiwi, Abiansemal, Bongkasa Pertiwi, Abiansemal, Kabupaten Badung, Bali 80352, Indonesia 위치 네카 아트 뮤지엄을 기준으로 차로 28분 시간 8:00~17:00 요금 USD 35(당일 환율 적용) 홈페이지 baliswing.com/activities/swing 전화 +62 878-8828-8832

지질학적 가치가 높은 활화산 트레킹
바뚜르산 일출 트레킹(구눙 바뚜르) Mount Batur Sunrise Trekking(Gunung Batur)

발리 아궁산의 북서쪽 두 칼데라호의 중심에 위치한 활화산으로, 해발 1,717m에 달하며 2012년 유네스코 세계 지질 공원망에 등재될 만큼 지질학적인 가치가 높은 곳이다. 바뚜르산은 가파르고, 가는 길이 험난한 편에 속해서 가이드와 함께 가는 것이 좋다. 최근 여행객들은 바뚜르산을 일출 트레킹 코스로 즐기고 있다. 일출 트레킹은 주로 새벽 2시에 호텔에서 픽업해 바뚜르산에 오른 후 아침을 먹고 커피 농장에 들렀다가 다시 호텔로 데려다주는 코스로 10시간 정도 소요된다.

주소 Jl. Monkey Forest, Ubud, Kabupaten Gianyar, Bali 80571, Indonesia 가격 USD 55(1인, 최소 2인 이상) 홈페이지 mountbatursunrisetrekking.com/ 전화 +62 821-4672-0930

208

발리에서 가장 긴 강에서 급류 타기
아융강 래프팅 Ayung River Rafting

발리에서 가장 긴 강인 아융강 급류를 타고 즐기는 수상 액티비티로, 우붓에서 가장 인기가 많은 체험 중 하나다. 훼손되지 않은 열대 우림 속에서 폭포와 협곡을 따라 내려가는 코스로 4~5명이 한 보트를 타고 1시간 정도 급류를 탄다. 래프팅 종료 지점에 도착하면 전통 인도네시아식 점심을 먹은 뒤, 다시 호텔로 데려다주는 일정으로 약 5시간 정도 소요된다.

주소 Jl. Kedewatan no. 29, Ubud 80571, Indonesia 가격 USD 30 홈페이지 ayungbalirafting.com/ 전화 +62 813-5339-2851

커피 농장부터 전통 마을까지 한 번에 가능한 투어
그린바이크 자전거 투어 Greenbike Cycling Tour

뜨갈랄랑 논을 포함해서 발리의 전통 문화와 여행객들의 발길이 닿지 않은 깊숙한 마을을 둘러볼 수 있는 투어다. 호텔 픽업을 시작으로 커피 농장 구경(루왁 커피 시음)-낀따마니 화산 구경-자전거 투어(우붓의 전통 가옥과 마을 구경)-식사로 구성된다. 커피 농장에 들러 15종류의 차와 커피를 마신 후 낀따마니 화산을 구경하고 차로 15분 정도 이동해 아부안Abuan 마을부터 자전거 투어가 시작된다. 높은 언덕부터 내려가는 코스로 되어 있어서 자전거 타기가 어렵지 않다. 자전거 투어에는 타로 마을Taro Village을 포함해 우붓의 시골 마을을 구경하면서 전통 가옥에 들러 간단히 짜낭canang을 만들고, 가이드가 전통 가옥의 구조를 설명해 주는 시간이 포함돼 있다. 약 2시간 정도 자전거를 탄 후 투어 요금에 포함된 곳에서 점심 식사를 한다. 점심 메뉴는 뷔페식으로 인도네시아 볶음밥, 볶음국수, 사테, 뗌뻬, 바나나튀김 등이 제공된다. 추가 금액을 내면 커피, 아이스크림 등을 시켜 먹을 수 있다. 점심 식사가 끝나면 모든 일정이 마무리되고 호텔로 데려다준다.

주소 Ubud, Jalan Pejengaji, Tegallalang, Kabupaten Gianyar, Bali 80561, Indonesia 시간 8:00~20:00(총 5~6시간 소요, 아침 또는 점심 코스 선택 가능) 요금 500k(자전거 투어), 350k(어린이) 홈페이지 www.greenbiketour.com/ 전화 +62 851-0169-9692

발리 전통의 발원지이자 대자연을 느낄 수 있는 곳

우붓 근교

우붓 근교에서는 광활한 논밭, 활화산 같은 대자연과 발리의 전통 문화를 경험할 수 있다. 녀피 Nyepi(P.19 참고), 갈룽안꾸닝안Galungan-kuningan(P.33 참고)과 같은 발리 최대의 명절 기간에 머무른다면 더욱 생생하게 느낄 수 있다. 발리에서 가장 인기 있는 관광지인 뜨갈랄랑은 띠르따음뿔 Tirta Empul Temple, 구눙까위Gunung Kawi와 가까워 데이 투어로 한 번에 다녀오는 일정도 추천한다. 다만 발리의 전통과 문화에 별 관심이 없다면 굳이 모든 곳을 다 가 볼 필요는 없다. 우붓 근교 지역을 여행할 때도 사롱이 있으면 유용하다. 사원 입구에서 대여할 수도 있지만, 바닥에 깔고 앉았을 수도 있고 날이 덥기 때문에 땀에 젖어 있을 수도 있다. 개인 사롱을 준비하는 것이 위생적이다.

> 교통편 우붓과 우붓 근교 지역은 대중교통이 거의 없어 외곽으로 갈수록 소요 시간이 오래 걸린다. 게다가 우붓 내에서는 그랩 어플이 금지되어 있어 택시 잡기가 어렵다. 미리 하루 단위로 택시를 예약하거나 클룩 어플을 통해 차량 혹은 데이 투어를 예약하는 방법, 스쿠터를 타는 방법이 있다.

🛕 발리 사람들이 신성시 하는 산

아궁산 Gunung Agung

주소 Jungutan, Bebandem, Karangasem Regency, Bali, Indonesia 위치 뜨갈랄랑에서 약 52.5km

©인도네시아관광청

높이 3,142m의 활화산으로 발리에서 가장 높은 산이다. 백두산보다 높은 성층화산으로, 발리 사람들에게는 우주의 중심인 수미산으로 신성하게 여겨지는 산이다. 1808년 이후 수차례에 걸쳐 분화했으며, 특히 1963년 대분화로 2,000여 명의 사망자를 냈다. 아궁산 높은 곳에는 현무암으로 만들어진 브사끼Besakih 사원이 있다. 날씨가 좋을 때는 정상에서 동쪽 방향으로 롬복의 린자니Rinjani산을 볼 수 있다. 바뚜르산과 마찬가지로 아궁산 트레킹 투어 코스가 있는데, 긴 등반 시간으로 인해 체력이 많이 요구되는 편이다. 주로 일출 패키지로 새벽에 4~5시간 정도 등반해 일출을 감상한 후 간단한 아침을 먹고 3~4시간 정도 걸리는 코스로 하산한다.

> **Tip.** 수미산이란?
> 예루살렘이 이슬람교, 유대교, 기독교의 성지이듯이 힌두교와 불교에도 이와 비슷한 성스러운 산이 있다. 한자어로 수미산이라고 부르는 성산 메루Meru는 인간과 우주의 근원이자 중심축으로 여겨진다. 수미산 주변에는 힌두교의 주요 신인 비슈누, 브라마, 시바 신이 살고 있다고 한다.

시시한 동물원이 아닌 진짜 야생 사파리

발리 사파리 앤 마린 파크 Bali Safari and Marine Park

주소 Jl. Bypass Prof. Dr. Ida Bagus Mantra Km. 19,8, Serongga, Kec. Gianyar, Kabupaten Gianyar, Bali 80551, Indonesia 위치 ❶ 우붓에서 택시로 약 21km ❷ 뜨갈랄랑에서 약 26.6km 시간 9:00~17:00 요금 1100k(드래곤 패키지), 800k(정글 호퍼), 1100k(나이트 사파리, 저녁 식사 포함) 홈페이지 balisafarimarinepark.com 전화 +62 361- 950-000

2007년에 문을 연 발리 최대 규모의 사파리로, 아프리카, 인도, 인도네시아 등에서 온 약 400 여 종의 다양한 동물을 만날 수 있는 테마파크다. 코모도 드래곤, 발리 미나Mynah 새와 같은 멸종 위기의 동물도 관찰할 수 있어 아이들에게 특히 인기가 많다. 사파리 외에도 발리 전통 춤, 코끼리 먹이 주기, 사자 먹이 주기와 같은 각종 체험 프로그램이 있고, 사파리 내에 있는 워터 파크와 리조트에서 이색 액티비티를 즐길 수 있다. 사파리는 오후 5시에 폐장하지만 오후 5시 30분부터 나이트 사파리를 연다. 사파리 크기가 커서 둘러보는 데 최소 2시간 이상 소요되므로 여유롭게 시간을 분배해 가는 것이 좋다. 사파리 내에 마라 리버 사파리 로지 리조트가 있어 조금 더 여유 있게 둘러보고 싶은 경우 1박을 추천한다. 티켓 구매는 공식 웹사이트와 여러 투어 업체에서 구매 가능하다. 기본적으로 사파리 투어와 동물 쇼가 포함돼 있고, 각 패키지별로 체험할 수 있는 활동이 다르다.

오래된 우붓의 문화를 간직한 코끼리 마을
타로 마을 Taro Village

주소 Jl. Raya Pujung Kaja, Taro, Tegallalang, Kabupaten Gianyar, Bali 80561, Indonesia 위치
뜨갈랄랑에서 북쪽으로 약 8.6km(주로 투어 패키지로 투어 차량 이동)

덴파사르 주도에서 약 34km가량 떨어져 있는
타로Taro 마을은 발리에서 가장 오래된 마을
중 하나로 인기 있는 관광지다. 훼손되지 않
은 전통 가옥 구조와 함께 오랜 역사를 간직한
발리의 전통과 문화를 느낄 수 있다. 타로 마
을에는 관광객을 끌어모으는 코끼리 보호 구
역Elephant Safari Park 외에도 흰 소 알비노
Albino들이 살았다고 전해지는 숲이 있다. 흰
소는 시바신의 이동 수단으로 '대지의 어머니'
라고 여겨지는 동물이기 때문에 발리 문화에서 매우 신성시 한다. 이후 1989년 코끼리 보호 구역이 만
들어졌다. 타로 마을이 특별한 이유는 라웅산Gunung Raung 사원에서도 찾을 수 있다. 보통 발리니
스들이 아궁산이 위치한 북쪽을 향해 기도하는 것과 달리 마을의 중심인 라웅산Gunung Raung 사원
에서는 라웅산이 있는 서쪽을 향해 기도하는 것을 볼 수 있다. 이 외에 마을을 걸어 다니며 현지인들과
인사를 하거나 이야기를 나누며 마을에서의 공예 활동에 참여할 수도 있다.

Tip. 우붓 시골의 생활양식과 문화

• 투계

발리에서는 닭싸움을 붙이는 장면을 흔히 볼 수 있다. 모르는 사람
들은 이를 도박이라 하지만 사실 투계는 발리 문화 중 일상적 저항의
중요한 축을 담당한다. 네덜란드의 식민 지배를 받을 때부터 닭싸움
은 불법으로 금지돼 있었다. 그러나 발리 사람들은 정부로부터 재정
지원을 받을 수 없는 학교를 설립하거나 마을 재정을 확충하기 위한
모금으로 투계를 개최하기도 했다. 이처럼 투계 문화는 일방적인 통

제에 저항해 단결과 자율적 재고를 하는 영역에 속해 있었다. 단순한 닭싸움이지만 이러한 사실을 알고
나면 달리 보인다.

• 짜낭사리 Canang Sari

발리 여행을 가면 하루에도 몇 번씩 짜낭과 마주치게 된다. 가족 사
원부터 편의점 앞까지 어딜 가도 발밑에 있다. 짜낭은 신에게 제사
를 드리는 바구니로, 신이 있다고 생각하는 모든 곳에 놓이며 하루
에 세 번 이상 향을 피워 집 앞, 가게 앞에 둔다. 신에게 감사하는 마
음과 함께 평화와 가족, 발리 그리고 세계의 평안을 기도하는 방법
이다. 신들의 섬인 발리, 그들에게 역시 종교는 곧 삶이다. 짜낭은 뾰

족한 대나무 바늘로 코코넛 잎사귀의 모서리를 집어 네모난 박스를 만든 뒤, 균형을 맞추어 꽃잎, 동전,
밥 등을 넣어 만든다.

넓게 펼쳐진 계단식 논
뜨갈랄랑 라이스 테라스 Tegalalang Rice Terrace

주소 Jl. Raya Ceking Tegallalang l Between Tegalalang and Ubud, Ubud 80517, Indonesia 시간 6:00~18:00 요금 15,000Rp(개인 경작지인 경우 입장료와 기부금을 따로 받는 구간이 있음)

논 뷰로 유명한 우붓을 대표하는 관광지로, 해발 600m 높이에 위치한 계단식 논이다. 넓게 펼쳐진 계단식 논에 여행객들이 찾아들면서 길 주변으로 민속 공예품 상점과 카페, 레스토랑이 들어섰다. 해변과는 달리 우거진 숲과 끝없이 펼쳐진 푸릇푸릇한 논이 주는 탁 트인 경치가 아름답다. 다만 한국에서 벼농사를 짓는 등 이런 풍경이 익숙한 사람이라면 감흥이 덜 할 수도 있다.

> **Tip.** 척박한 땅에서 농사를 가능하게 한 '수박'
> '수박Subak'은 논에 물을 대는 전통 방식으로, 농사에 필요한 물을 공급하는 일뿐 아니라 사원 관리와 제사 등을 치르는 협동조합 기능을 아울러 말한다. 지난 1,000년간 이 경관을 형성해 온 수박 체계는 2012년 유네스코 세계 유산으로 등재됐다. 수박은 영혼, 인간, 자연 세계의 조화로운 관계를 촉진하는 트리 히타 카라나Tri Hita Karana 철학의 표현을 기반으로 이루어졌다. 지역의 수많은 샘물과 연결된 수로를 통해 논의 중심에 위치한 사원으로 물이 흘러 들어오고, 수십 명의 농부가 운영하는 논으로 공급된다. 이러한 자연 세계와 영적 세계의 조화로운 관계를 통해 발리 사람들은 척박한 화산섬이라는 어려운 환경 조건을 이겨낼 수 있었다.

사누르·
덴파사르

Sanur·Denpasar

발리 최초로 관광 리조트 지역으로 개발된 곳

발리 섬의 동쪽에 위치한 사누르Sanur는 다른 지역과 비교해 여유롭고 한적한 분위기가 특징
이다. 북적거리지 않는 분위기 때문인지 다소 나이가 지긋한 유럽인들이 많이 찾는다. 사누르의
북쪽에서 남쪽으로 뻗어 있는 메인 도로 다나우 땀블링안Danau Tamblingan 거리를 따라 주
요 해변, 레스토랑, 카페가 줄지어 있다. 또한 누사 페니다, 렘봉안과 같은 섬으로 향하는 항구가
있어 수상 스포츠의 천국이기도 하다. 덴파사르Denpasar는 발리 섬의 주도로 비즈니스의 중
심지인 동시에 역사적인 의미가 큰 지역이다. 아름다운 해변이나 큰 관광지는 없지만 사원, 박물
관이 있으며, 식민 시절 발리니스 저항 정신의 상징인 뿌뿌탄 광장이 있는 곳이기도 하다. 발리
를 처음 찾는 관광객보다는 여행 기간의 여유가 있거나 여러 번 찾은 여행자에게 추천한다.

사누르 · 덴파사르

니코 다이브즈 쿨
Nico Dives Cool

던킨 도너츠
Dunkin' Donuts

KFC

르 마이어 뮤지엄
Le Mayeur Museum

Jl. Raya Puputan

항 투아 거리 Jl. Hang Tuah

항 투아 거리 Jl. Hang Tuah

부스터 커피
Booster Coffee

그랜드 인나 발리 비치 리조트
Grand Inna Bali Beach

발리 박물관
Bali Museum

덴파사르

Jl. Hayam Wuruk

뿌뿌딴 바둥 공원(뿌뿌딴 광장)
Puputan Badung Park

심플리 브루 커피 로스터즈
Simply Brew Coffee Roasters

소울 온 더 비치
Soul on the Beach

Jl. Jend. Sudirman

더 글래스 하우스
The Glass House

Jl. Cok Agung Tresna

더 레스토랑 앳 탠드정 사리
The Restaurant at Tandjung

르논 공원
Lapangan Puputan Renon

바즈라 산디 기념비
Bajra Sandhi Monument

Jl. Raya Puputan

Jl. By Pass Ngurah Rai

카페 스몰가스
Cafe Smorgas

코피 키오스크-커피 헛
Kopi Kiosk-Coffee Hut

아르타 세다나 사누르
Arta Sedana Sanur

젤라토 시크릿
Gelato Secretsl

메종 오렐리아 사누르 발리
Maison Aurelia Sanur, Bali – by Préférence

발리베르티 데이 트립스
Baliberty Day Trips

Jl. Danau Tamblingan

사누르 해변
Pantai Sanur

마시모-리스토란테
Massimo-Il Ristorante

아틀란티스 인터네셔널 발리
Atlantis International Bali

Jl. Danau Poso

카페 제푼
Cafe Jepun

찬타라 웰니스 앤 스파
Chantara Wellness & Spa

교통편 꾸따, 스미냑과 같은 주요 관광지에서 사누르까지는 택시로 30분 정도 소요되며, 사누르에서 덴파사르까지는 택시로 15분 정도, 우붓까지는 30분 정도 소요된다. 응우라라이 공항에서 사누르로 갈 경우에는 택시로 20분 정도 소요된다.

동선팁 사누르는 다나우 땀블링안Danau Tamblingan 로드를 중심으로 해변, 레스토랑, 카페가 줄지어 있어 숙소를 이 근처로 정하면 이동이 편하다. 지역이 크지 않고 도로도 조용한 편이라 걸어 다니기 좋다. 덴파사르는 현지인들의 생활지이기 때문에 이곳에 숙소를 잡기보다는 사누르에서 택시, 스쿠터를 타고 다녀오는 편이 좋다. 덴파사르는 발리의 주도인 만큼 교통정리가 잘 되어 있지만 교통 체증이 심한 편이다.

Best Course

대중적인 코스

소울 온 더 비치

◉
도보 11분

사누르 해변
◉
도보 6분

코피 키오스크-커피 헛
◉
도보 10분

르 마이어 뮤지엄
◉
도보 10분

부스터 커피
◉
자동차 6분

바즈라 산디 기념비

◉
자동차 5분

뿌뿌탄 바둥 공원
(뿌뿌탄 광장)
◉
자동차 15분

아르타 세다나 사누르(장보기)

![lighthouse icon] 고요하고 한적한 해변
사누르 해변 Sanur Beach

주소 Jl. Danau Buyan, Sanur, Denpasar Sel., Kota Denpasar, Bali, Indonesia 위치 ❶ 응우라라이 공항에서 차로 30분 ❷ 메종 오렐리아 사누르 발리 호텔에서 도보 10분

5km 가까이 뻗어 있는 사누르 해변은 꾸따의 반대편인 발리 동쪽에 위치해 다른 해변과 달리 한적하고 조용하다. 역사적으로는 1906년 네덜란드인들이 발리를 침략하기 위한 상륙지로 삼았으며, 제2차 세계 대전 당시에는 일본군이 상륙해 수탈했던 아픈 역사를 간직한 곳이다. 지금은 주로 사누르 해변 주변의 액티비티와 요트를 이용하기 위해 많은 사람들이 찾으며, 특히 나이가 지긋한 유럽 사람들이 많다. 사누르 해변의 해안선을 따라 레스토랑, 수공예품 가게, 펍이 있어 한적한 하루를 보내기 좋다.

![coffee cup icon] 바다를 바라보며 운치 있게 모닝커피를 마실 수 있는 카페
코피 키오스크 - 커피 헛 Kopi Kiosk - Coffee Hut

주소 Jl. Danau Tamblingan, Sanur, Denpasar Sel., Kota Denpasar, Bali, Indonesia 위치 사누르 해변에서 다나우 땀블링안(Jl. Danau Tamblingan) 거리를 따라 르 마이어 뮤지엄 방면으로 도보 14분 시간 7:00~21:00 가격 25k(아메리카노), 30k(플랫 화이트) 전화 +62 361-270-046

코피 키오스크는 저렴한 가격에 비해 기대 이상의 커피 맛을 자랑하는 사누르 해변의 작은 카페다. 해변 바로 앞에 있어서 바다가 보이는 전망이 아름답기로 유명하다. 신선한 원두만을 사용한, 적당히 산미가 있는 에스프레소로 아침을 시작하기 좋다. 사누르 해변에서 수상 액티비티를 하기 위해 떠나는 배와 페리가 근처 터미널에 있어 오가는 동안 여유를 찾기에도 안성맞춤이다. 시나몬, 초코 케이크과 같은 디저트류도 판매하나 역시 가장 맛있는 건 커피다. 추천 메뉴는 아메리카노와 플랫 화이트다.

발리와 사랑에 빠진 벨기에 화가의 작품이 있는 곳
르 마이어 뮤지엄 Le Mayeur Museum

주소 Jalan Hang Tuah, Sanur Kaja, Denpasar Selatan, Sanur Kaja, Denpasar Sel., Kota Denpasar, Bali, Indonesia 위치 던킨 도너츠에서 해변 방면으로 항 투아(Jl. Hang Tuah) 거리 따라 도보 3분 시간 8:00~15:30(금 8:30~12:30) 휴무 공휴일 요금 50k(성인), 25k(유아) 전화 +62 361 286201

사누르 해변의 매력에 빠져 평생을 이곳에서 보낸 벨기에 출신 화가 아드리앙 장 르 마이어Adrien-Jean Le Mayeur de Merpres(1880~1958)의 작품을 감상할 수 있는 전통 가옥 형태의 박물관이다. 사누르 해변 앞에 있으며 발리 전통 가옥과 정원의 모습을 볼 수 있다. 박물관은 총 80점이 넘는 작품을 5개의 테마로 분류했다. 아프리카, 인도, 유럽 등을 포함해 그가 세계 여행 중 감명을 받아 그린 그림으로 전시가 시작된다. 그의 발리 초창기 작품은 주로 일상생활과 아름다운 발리의 여성들을 그린 작품이다. 발리 전통 춤 르공 댄서였던 니 폴록Ni Pollok은 르 마이어가 1932년 발리에 와서 평생을 함께한 그의 부인이자 뮤즈로 그의 작품에 많은 영향을 주었다. 르 마이어는 발리와 작품에 대한 열정으로 제2차 세계 대전 당시 나치에게 가택 구금됐을 때도 작품 활동을 계속했다고 한다. 박물관이라고 하기에는 조명, 작품 유지보수와 같은 관리가 다소 아쉽지만, 발리에 대한 그의 애정만큼은 듬뿍 느낄 수 있는 곳이다.

사누르에서 모닝커피가 가장 인기인 카페

부스터 커피 | Booster Coffee

주소 Jl. By Pass Ngurah Rai No.192, Sanur, Denpasar Sel., Kota Denpasar, Bali 80228, Indonesia **위치** 르 마이어 뮤지엄에서 항 투아(Jl. Hang Tuah) 거리 따라 400m 직진 후 좌회전해 던킨 도너츠 맞은편 **시간** 8:30~22:00 **가격** 17k(아메리카노), 22k(아포가토), 30k(그린티 프라페), 15k(크루아상) **홈페이지** www.instagram.com/boostercoffeebali/ **전화** +62 878-2540-2697

사누르의 아침을 여는 카페로 이른 시간인 오전 7시가 채 되기도 전에 문을 연다. 깔끔하고 모던한 분위기로 10명 정도 앉을 수 있는 규모다. 작지만 사누르에서 가장 인기 있는 카페며, 아늑한 분위기에서 커피와 디저트를 즐길 수 있다. 커피를 포함해 초콜릿, 레드벨벳, 밀크셰이크 등 논카페인 음료도 다양하게 제공한다. 매장이 협소한 편이라 포장해 가는 손님이 많다. 직원들이 친절하고 질 좋은 커피를 착한 가격으로 맛볼 수 있는 곳이다. 인기 있는 메뉴는 아포가토와 그린티 프라페다. 최근 누텔라 팬케이크, 보바 토스트와 같은 새 메뉴가 생겼다.

덴파사르에서 가장 큰 공원

르논 공원 Lapangan Puputan Renon [라팡안 뿌뿌탄 르논]

주소 Renon, Denpasar Selatan, Panjer, Denpasar Sel., Kota Denpasar, Bali 80234, Indonesia **위치** 바즈라 산디 기념비 맞은편 **시간** 24시간

덴파사르에서 가장 큰 공원으로 여가 시간을 즐기는 현지인들과 발리를 찾은 관광객들을 볼 수 있는 곳이다. 보통 주중에는 점심시간에 나온 직장인들과 아이들로 붐비며, 주말 저녁에는 노을을 감상하려는 사람으로 붐빈다. 데이트 혹은 소풍을 즐기러 온 발리니스들로 인해 작은 와룽이나 노점상이 많으니 발리의 길거리 식문화를 체험해 보는 것도 추천한다. 매주 일요일 오전 6시부터 11시까지는 차 없는 시간Car-free Hours으로 조깅하기 더욱 좋다.

덴파사르의 랜드마크 기념비
바즈라 산디 기념비 Bajra Sandhi Monument [바즈라산디 마뉴먼트]

주소 Jl. Raya Puputan No.142, Panjer, Denpasar Sel., Kota Denpasar, Bali 80234, Indonesia 위치
르 마이어 뮤지엄에서 차로 7분 시간 8:00~18:00(토, 일 9:00부터) 요금 50k(성인)

덴파사르의 랜드마크인 바즈라 산디 기념비는 르논 광장에 위치한, 발리 사람들의 투쟁을 상징하는 건축물
로 2003년에 개장했다. 현지어로 '바즈라'는 스님이 들고 다니는 종을 뜻하며 '산디'는 신성하다는 의미로
바즈라 산디는 '신성한 종'이라는 뜻이다. 힌두 건축물인 바즈라 산디 기념비는 독특한 3단 탑의 건축 양식
으로도 눈길을 끈다. 실내는 총 3층으로 되어 있으며 1층은 전통적인 건축물, 2층은 발리의 역사, 3층은 덴
파사르 시내가 한눈에 들어오는 전망을 자랑한다. 특히 2층 박물관은 인도네시아 독립의 과정을 시대순으
로 정리한 미니어처가 있어 발리의 역사를 한눈에 볼 수 있다. 또한 1층에는 3D 트릭아트 뮤지엄이 있어서
재미난 사진도 찍을 수 있다. 카 프리 Car-free 제도를 실시하는 일요일에는 조깅을 하거나 자전거를 타는 사
람들로 북적북적하다. 발리를 좀 더 깊이 있게 이해하고 싶다면 꼭 한 번 방문해 볼 가치가 있는 곳이다.

발리 저항 문화의 상징
뿌뿌탄 바둥 공원(뿌뿌탄 광장) Puputan Badung Park

주소 Dauh Puri Kangin, Denpasar Barat, Kota Denpasar, Bali 80232 Indonesia 위치 바즈라 산디 기념
비에서 차로 8분 시간 24시간

덴파사르 도시 중심에 위치한 뿌뿌탄 광장은 발리 역사에서 굉장히 중요한 의미를 지닌 장소다. 현재는 지역 주민들이 푸른 잔디밭에 앉아 휴식을 즐기지만, 100년 전에는 발리인들이 저항 정신을 표현하기 위해 집단 자결한 피로 얼룩진 장소였다. '뿌뿌탄'이란 발리 언어로 치욕적인 항복에 직면했을 때 집단 자결하는 방식의 저항 의식을 의미한다. 역사적으로는 1906년 덴파사르에서 그리고 1908년 끌룽꿍에서 네덜란드인들의 침략을 받았을 때 두 번 발생했다. 뿌뿌탄 광장의 발리 가족 3인 동상은 '끄리스Kris'라 불리는 발리의 전통 무기와 창을 들고 전진하는 모습을 나타낸 것으로, 1906년의 뿌뿌탄을 기리기 위한 것이다. 또한 보석을 쥐고 있는 여성은 왕궁으로 돌진하는 네덜란드인들을 조롱하기 위해 수많은 귀중품을 던졌던 여성들을 상징한다. 이는 외세의 침략에도 굴하지 않았던 발리인의 정신을 상징하며 그들만의 문화적 자긍심을 기리는 지표였다.

Tip. 발리 연날리기 축제 International Kite Festivals

발리 사람들이 가장 사랑하는 축제 중 하나인 연날리기 축제는 건기 시즌인 매년 7~8월에 열린다. 지역별로 축제가 열리는 날짜는 다소 차이가 있으나 주로 바람이 많이 부는 7월에 시작한다. 메인 축제는 사누르의 북쪽인 빠당갈락 Padanggalak 해안에서 열리는데, 수백 개의 팀이 참가해 5~10m에 달하는 거대한 크기의 연을 띄운다. 연 축제는 전통적으로 풍성한 농작물 수확에 감사하는 의미를 가지고 있으며, 반자르Banjar라고 불리는 마을 공동체끼리 경쟁을 한  다. 사진과 같은 검은색, 흰색, 빨간색은 발리 힌두교에서 각각 브라흐마, 비슈누, 시바 신을 상징하며 연은 그들의 삼위일체를 의미한다. 이 시기에 발리를 찾는다면 거대한 연으로 뒤덮인 하늘을 볼 수 있을 것이다. 그 때문에 6월부터는 이러한 연날리기 축제를 준비하기 위해 뿌뿌탄 공원과 같은 큰 공원에서 연습하는 젊은이들을 쉽게 볼 수 있다.

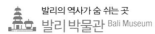

발리의 역사가 숨 쉬는 곳
발리 박물관 Bali Museum

주소 Mayor Wisnu No.1, Dangin Puri, Denpasar Tim., Kota Denpasar, Bali 80232, Indonesia 위치 뿌뿌탄 광장 3인 동상에서 남쪽 방면으로 도보 2분 시간 7:30~15:30(금 13:00 폐장) 요금 50k(성인), 10k(어린이) 전화 +62 361 222680

1931년에 지어진 발리 전통 가옥 푸리푸라Puri-pura 스타일(왕궁과 같이 정원, 사원 등이 갖춰진 스타일)의 박물관으로, 덴파사르를 대표하는 관광지 중 하나다. 총 4가지 테마로 나누어져 있으며, 크기는 다소 작다고 생각될 수도 있으나 발리의 역사와 문화를 이해하는 데는 분명 도움이 될 것이다. 주로 초기 발리 스타일의 창과 같은 기본 무기와 생활용품이 전시돼 있다. 박물관 내부의 사진 촬영은 금지며, 와이파이나 에어컨이 없다는 점을 참고하자.

사누르에서 가장 추천하고 싶은 브런치 카페

소울 온 더 비치 Soul on the Beach

주소 Jl. Pantai Sindhu, Sanur, Denpasar Selatan, Kota Denpasar, Bali 80228 인도네시아 위치 Sindhu 신두 해변에서 Jl. Pantai Sindhu 방면 남쪽으로 약 100m 직진 (도보 1분) 시간 7:00~23:00 가격 89k(왓 마이 엑스 잇츠), 75k(저지 쇼어 피자), 30k(롱 블랙) 홈페이지 https://biolinky.co/soulonthebeach 전화 +62 813-3975-1932

사누르에서 가장 좋아하는 곳이다. 탁 트인 해변을 바라보며 식사를 할 수 있는 곳으로 아침부터 저녁까지 언제 방문해도 만족스러울 것이다. 해변가에 위치해 발에 닿는 모래의 느낌을 여유롭게 느껴볼 수도 있고, 아이들과 간다면 아이들이 편하게 뛰어놀 수 있는 것도 장점이다. 사누르의 브런치 맛집 'Soul in a Bowl'을 운영하던 곳에서 하는 곳으로 맛있는 음식과 친절한 직원들은 여전하다. 인기메뉴는 페퍼로니와 모짜렐라가 들어간 저지쇼어 피자와 브런치 메뉴다. 비건의 경우, 마르게리따나 이외 다른 비건 옵션의 메뉴를 주문 가능하다. 브런치 메뉴 중에서는 사워도우 토스트, 베이컨, 시금치, 버섯 등 한상 골고루 차려진 왓마이엑스잇츠와 에그 베네딕트가 인기가 많다. 방문하기전에 맥주 혹은 이외 주류를 1+1으로 주는 해피아워를 확인해보면 좋다. 성수기에는 DJ가 오는 비치파티가 열려 저녁을 흥겹게 만들어주기도 한다.

여행의 피로를 풀어 주는 럭셔리 스파

찬타라 웰니스 앤 스파 Chantara Wellness & Spa

주소 Jl. Danau Poso No.104, Sanur, Denpasar Selatan, Kota Denpasar, Bali, 인도네시아 위치 마시모젤라또에서 Jl. Danau Poso 방면 남서쪽으로 약 74m 직진 후 우회전해 110m 직진 (도보 약 2분거리) 시간 10:00~18:00 가격 785k(산티산티 리추얼 마사지 150분), 285k(딥티슈 마사지 60분) 홈페이지 http://chantaraspa.com/ 전화 +62 811-3992-015

발리의 뜨거운 햇빛에 민감해진 피부를 진정시키고 편안한 시간을 보낼 수 있는 스파다. 총 2층 건물의 스파로 시설이 넓고 깨끗하다. 발마사지나 페이셜 트리트먼트처럼 단건의 마사지를 받을 수도 있지만 샨티샨티리추얼, 딥티슈 마사지와 같은 긴 코스가 인기가 더 많다. 이 경우, 웰컴티 - 족욕 - 마사지 - 다과 순서로 마사지가 진행된다. 샨티샨티리추얼의 경우, 족욕과 스크럽으로 시작된다. 여행동안 지쳐있던 발의 피로를 푼 다음 망고, 코코넛과 같은 열대과일의 상큼한 향의 바디버터로 온 몸에 촉촉하게 수분을 채워준다. 적당한 압의 마사지를 통해 전신이 노곤하게 풀려갈 때쯤 페이셜 트리트먼트가 시작된다. 뜨거운 햇빛에 지친 피부에 영양을 공급해준다. 뭉쳤던 온몸의 근육이 풀리며 마사지가 끝나면 생강차를 내어준다. 마사지 오일이나 압의 경우, 사전 체크를 통해 개인의 선호도를 묻기 때문에 원하는 방향으로 조정할 수 있다. 원하는 경우, 꽃목욕인 floral bath는 추가금 약 115k를 내고 추가가능하다.

깔끔한 저녁 한상 차림이 나오는 곳
카페 제푼 Cafe Jepun

주소 Jl. Danau Tamblingan No.212, Sanur, Denpasar Sel., Kota Denpasar, Bali, Indonesia 위치 소울 인 어 볼을 등지고 우회전 후 직진 도보 3분 시간 16:00~23:00 가격 125k(칠리 새우), 155k(립아이스테이크) 홈페이지 www.facebook.com/cafejepun 전화 +62 361 7483887

다나우 땀블링안 메인 거리에 있는 레스토랑으로, 합리적인 가격에 발리니스 음식과 해산물, 양식을 두루 고를 수 있다. 정원이 있어 평화로운 분위기의 야외 테이블에서 저녁 식사를 할 수 있으며, 라이브 공연이 있는 날도 있어 음악과 함께 느긋하게 식사할 수도 있다. 인기 메뉴는 매콤한 칠리 새우와 스테이크다. 엄청난 맛집은 아니지만 좋은 분위기에서 괜찮은 음식을 즐길 수 있다.

원두를 직접 볶는 사누르 커피 맛집
심플리 브루 커피 로스터즈 Simply Brew Coffee Roasters

주소 Jl. By Pass Ngurah Rai No.127, Sanur, Kec. Denpasar Sel., Kota Denpasar, Bali 80228, Indonesia 위치 신두(Sindhu) 시장에서 다나우 타다칸(Jl. Danau Tandakan) 거리 방면 북쪽으로 97m 직진 후 좌회전해 110m 직진(도보 3분) 시간 8:00~17:00(월~토) 휴무 일요일 가격 29k(아메리카노), 32k(플랫 화이트), 44k(아포가토) 전화 +62 361 4720186

신두 시장 근처에 있는 로스터리 카페로 사누르에서 수준급인 커피를 맛볼 수 있는 곳이다. 아침에 가면 갓 로스팅한 원두 향이 가득하다. 크루아상, 달콤한 케이크 같은 디저트와 커피를 아침 식사로 즐기는 외국인도 많이 볼 수 있다. 아메리카노는 산미가 있는 편이라 묵직한 보디감과 고소한 원두를 좋아한다면 바리스타에게 미리 물어본다. 에어컨은 시원하지만 등받이 없는 의자와 테이블은 앉아 있기에 불편한 편이라 테이크 아웃을 추천한다. 카푸치노, 플랫 화이트, 아메리카노, 치즈케이크 등 모두 인기 메뉴다. 색다른 메뉴를 먹고 싶다면 커피핀을 사용한 베트남 드립을 추천한다. 원두는 플레인, 망고, 아몬드 중에서 고를 수 있다.

무난한 버거 맛집
더 글래스 하우스 The Glass House

주소 Jl. Danau Tamblingan No.25, Sanur, Denpasar Selatan, Kota Denpasar, Bali 80228 인도네시아 위치 Sanur 해변에서 Jl. Danau Tamblingan 방면으로 도보 약 400m 시간 6:45~22:45 가격 77k(오믈렛), 65k(나시고랭) 홈페이지 https://starvillasbali.com/the-glass-house 전화 +62 361 288696

아시안 요리와 양식을 다 제공하는 곳으로 다양한 메뉴 덕에 여럿이 오기 좋은 곳이다. 사누르의 큰 도로변에 있어서 찾기도 매우 쉬운 편이다. 한줄로 정리하자면 버거가 맛있는 곳이라 하겠다. 시그니처 메뉴는 글래스 하우스 수제버거. 두툼하고 고소한 번에 양상추, 패티가 들어가 있어서 나이프로 썰어먹으면 되는데 특이한 점은 계란후라이가 들어가 있다. 설탕이 들어가지 않은 쥬스도 묽지 않고 진해서 인기메뉴다.

사누르에서 제일 유명한 젤라토
마시모-리스토란테 Massimo - Il Ristorante

주소 Jl. Danau Tamblingan No.228, Sanur, Denpasar Sel., Kota Denpasar, Bali 80237, Indonesia 위치 카페 제문 바로 옆 시간 9:00~23:00 가격 20k(작은 컵, 2가지 맛 선택 가능) 홈페이지 massimo-italian-restaurant.business.site/ 전화 +62 811-3999-727

이탈리안 레스토랑이지만 입구에서 파는 젤라토로 더욱 유명하다. 저녁 시간이면 사람들이 길게 줄지어 있어 지나가다 한 번쯤 돌아보게 되는 곳이다. 아이스크림으로 사누르에서 가장 유명해 건너편까지 마시모 아이스크림을 먹고 있는 관광객들로 가득하다. 작은 컵 선택 시 두 가지 맛을 고를 수 있는데 결코 적지 않은 양이다. 30개가 넘는 다양한 맛이 있으며, 인기 메뉴는 와일드 베리 치즈케이크, 민트 초코, 헤이즐넛 등이다. 근처에 레스토랑이 많으니 저녁 식사 후 디저트로 시원하고 달콤한 젤라토는 어떨까? 종류가 너무 많아 고르기 어렵다면 작은 스푼으로 맛보기가 가능하니 그 후에 골라도 좋다.

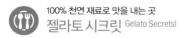

100% 천연 재료로 맛을 내는 곳
젤라토 시크릿 Gelato Secretsl

주소 Jl. Danau Tamblingan, Sanur, Denpasar Sel., Kota Denpasar, Bali 80228, Indonesia 위치 소울인 어 볼에서 르 마이어 뮤지엄 방면으로 직진 도보 11분 시간 11:00~23:00 가격 35k(2가지 맛), 70k(4가지 맛) 홈페이지 gelatosecrets.com 전화 +62 361-271-580

2009년부터 발리에서 구할 수 있는 최상의 과일로 천연 젤라토를 만들기 위해 노력하는 젤라토 시크릿은 현재 발리에 우붓과 스미냑을 포함해 총 8개 지점이 있다. 젤라토, 소르베부터 쫀득쫀득한 와플까지 맛볼 수 있다. 아이스크림이 얹어져 나오는 와플도 인기 메뉴다. 100% 천연 재료만을 사용해서 만든 홈메이드 젤라토와 우유가 들어가지 않은 소르베를 팔기 때문에 우유를 먹지 못하는 아이도 부담 없이 고를 수 있다. 아이스크림 중에서는 솔티드 캐러멜 맛이 인기 메뉴다.

사누르에서 가장 큰 슈퍼마켓
아르타 세다나 사누르 Arta Sedana Sanur

주소 Jl. Danau Tamblingan No.136, Sanur, Denpasar Sel., Kota Denpasar, Bali 80228, Indonesia 위치 메종 오렐리아 사누르 발리 호텔 바로 뒤 시간 8:00~21:00 전화 +62 878-6203-8645

하디스 사누르Hardy's Sanur가 아르타 세다나Arta Sedana로 바뀌었다. 하디스 슈퍼마켓이 부도가 나면서 이름은 바뀌었지만 위치는 같다. 사누르 지역에서 가장 큰 슈퍼마켓으로, 총 2층으로 되어 있다. 과일, 의류, 신발 등 다양한 생필품을 구비하고 있으며 유심 카드, ATM 등 편의 시설 이용이 가능하다. 또한 수공예품, 비누, 작은 가방 등을 판매하기 때문에 간단한 기념품도 저렴하게 구매할 수 있다. 슈퍼마켓 앞에는 젤라토를 판매하는 곳이 있어 해변에 가기 전 아이스크림을 먹는 관광객들도 흔히 볼 수 있다. 다만 최근에는 물건이 다소 늦게 채워지는 편이라 인기가 많은 상품은 품절일 때도 있다는 것을 참고하자.

간단하게 식사할 수 있는 캐주얼한 식당

카페 스몰가스 Cafe Smorgas

주소 Jl. Danau Tamblingan No.56, Sanur, Denpasar Selatan, Kota Denpasar, Bali 80228 인도네시아 **위치** Pantai Karang 카랑해변에서 Jl. Danau Tamblingan 방면 서쪽으로 300m 직진후 좌회전 (도보 약 4분) **시간** 7:00~22:00 **가격** 55k(아침 메뉴), 79k(비프버거), 72k(훈제 연어) **홈페이지** http://cafesmorgas.com/ **전화** +62 361-289361

스웨덴부부가 두 딸과 함께 발리로 이주오면서 시작해 2006년부터 오픈한 오래된 카페다. 특별하거나 고급스러운 곳은 아니지만 캐주얼한 분위기에서 다양한 요리를 제공한다. 전반적으로 식당이 청결하고 공간이 넓직한 편이라 무난한 식사를 고민 중이라면 가볼만하다. 카페는 실내와 야외로 나뉘어져 있는데 야외석이 훨씬 공간이 넓다. 스웨덴 요리인 연어와 동글동글한 미트볼부터 인도네시아 로컬 음식, 파스타와 같은 양식까지 원하는 메뉴는 다 고를 수 있다. 오전 7시에서 10시 사이에는 얼리버드 메뉴를 제공해서 간단한 샌드위치와 커피를 세트 메뉴로 즐길 수 있다. 편안한 분위기에서 다양한 음식을 즐길 수 있고 수영 후나 서핑 전에 간단하게 아침을 먹기 좋은 곳이다. 추천하는 메뉴는 커피와 치즈케익 그리고 트리플 치즈버거다.

사누르 해변에서 즐기는 전통 음식

더 레스토랑 앳 탠드정 사리 The Restaurant at Tandjung Sari

주소 Jl. Danau Tamblingan No. 41, Sanur, Denpadar Selatan, Kota Denpasar, Bali 80228, Indonesia **위치** Pantai Karang에서 Jl. Segara Ayu로 550m 직진(도보 7분) **시간** 6:30~21:00 **가격** 115k(나시 짬뿌르), 130k(바비 케찹), 50k(프렌치 토스트) **홈페이지** http://tandjungsarihotel.com/en/dining **전화** +62 361-288441

사누르 해변을 바라 보며 아침을 먹을 수 있는 곳이다. 해변가 중앙에 위치하고 있어서 편안하고 여유로운 사누르 특유의 분위기를 특히 더 잘 즐길 수 있다. 딴중사리 Tandjungsari 호텔에서 같이 운영하고 있는 곳이라 청결하고 직원들이 친절해서 가족들과 방문해도 실망한 적이 없었다. 인기 메뉴는 양식보다는 나시 짬뿌르, 바비 케찹과 같은 인도네시아 로컬 음식이다. 나시고랭의 경우, 코코넛 밀크로 고소하고 부드럽게 지어진 강황밥과 치킨, 새우, 계란프라이가 같이 나온다. 주문 시 요청하면 비건식으로 먹을 수도 있다. 바비 케찹은 돼지고기와 야채를 볶아 밥과 곁들여 먹는 요리인데 보기에는 한국의 제육볶음과 비슷하다. 바비 굴링처럼 자바와는 다르게 돼지고기를 많이 먹는 발리 지역에서 주로 볼 수 있는 메뉴다. 직접 만드는 진저 비어도 색다른 맛이라 맥주에 진심이라면 한 번쯤 시도해 보자.

천혜 자연을 느끼며 푸른 바다 속 신비로운 체험이 가능한 곳

발리의 누사 삼총사

인도네시아어로 섬이라는 뜻을 가진 '누사'는 발리 섬에 있는 또 다른 섬을 의미한다. 누사 렘봉안 Lembongan, 페니다Penida, 체닝안Ceningan을 묶어 누사 3총사라 부른다. 비교적 사람의 발길이 닿지 않은 누사 섬은 천혜의 자연을 느낄 수 있는 다이빙 포인트로 유명하다. 대표적인 다이빙 포인트 로는 크리스탈 베이, 페니다 섬 남서쪽의 만타 포인트, 강한 조류의 블루 코너 등이 있다. 주로 사누르 에서 머물며 투어를 통해 옮겨다니는데 다이빙하기 가장 좋은 시즌은 7~9월이다. 이 시즌에 거대한 만타가오리를 볼 수 있는 확률이 가장 높고, 블랙만타도 종종 만날 수 있다.

발리에서 가장 가까운 섬
누사 렘봉안 & 체닝안 Nusa Lembongan & Ceningan

렘봉안 섬 가는 방법 업체별로 다소 차이가 있으나 보통 하루 3번 오전 10시, 오후 1시, 오후 3~4시에 사누르 에서 출발하는 보트를 탄다. 사누르 항구에서 렘봉안 섬까지는 40분 정도 소요되며, 투어는 총 7~8시간 정도 소요된다.

발리의 남동쪽에 있는 렘봉안 섬은 사누르 해변의 항구에서 배로 40분 정도 떨어진 곳에 있다. 렘봉안, 체닝안, 페니다 섬 중 발리에서 가장 가까이 있는 섬으로, 번잡한 도심에서 벗어나 평화로운 섬의 분위 기를 즐길 수 있어 이미 관광객들 사이에서 유명하다. 체닝안은 렘봉안 섬과 다리로 연결돼 있어 함께 둘러보는 것도 좋다. 아름다운 산호초와 다양한 해양 생물을 볼 수 있는 다이빙과 스노클링을 하기 좋 고, 그림 같은 백사장의 드림 해변, 악마의 눈물Devil's Tears이라 하는 파도가 소용돌이치며 굉음을 내는 절벽, 울창한 맹그로브 숲 투어 등을 할 수 있다. 렘봉안 현지인들은 주로 발리 힌두교인들이며 문 화도 발리의 문화와 거의 동일하다. 보통 관광객들은 데이 투어로 가며, 여유롭게 보고 싶다면 1박 이 상을 추천한다. 고급 리조트는 없어 편의 시설은 다소 불편할 수 있다.

누사 삼총사 중 가장 크고 이국적인 곳
누사 페니다 Nusa Penida

페니다 섬 가는 방법 사누르 항구에서 스피드 보트를 타고 1시간 정도 소요된다. 렘봉안 섬보다 훨씬 크기 때문에 데이 투어라도 서부와 동부로 나누어 일정이 진행된다. 클링킹 해변, 브로큰 해변, 크리스털 베이가 있는 서부 코스가 인기가 많다. 데이 투어는 보통 7~8시간 정도 소요된다.

페니다 섬은 3개의 누사 중 가장 크고 이국적인 분위기의 섬이다. 렘봉안 섬보다 훨씬 관광객의 발길이 닿지 않은 곳이라 훼손되지 않은 아름다운 자연경관과 문화 유적지로 최근 주목받고 있다. 크리스털 베이라 불리는 새하얀 백사장이 아름답고, 다이빙 포인트로 유명한 만타 베이에서는 만타가오리를 쉽게 볼 수 있다. 게다가 계절에 따라 운이 좋으면 고래상어도 볼 수 있다. 수상 스포츠뿐만 아니라 발리 힌두교의 유명한 동굴 사원인 고아 기리 푸트리Goa Giri Putri도 있다. 페니다 섬의 관광 명소인 브로큰 해변Broken Beach은 인도양의 파도로 인해 자연적으로 조성된 다리 모양의 지형으로 관광객들이 천사 바위와 더불어 가장 좋아하는 포토 스폿 중 하나다. 클링킹 해변Klingking Beach 또한 인기 장소다. 페니다 섬은 아직 개발이 덜 되어 고급 리조트가 없고 편의 시설이 열악하지만 그만큼 자연의 아름다움을 흠뻑 느낄 수 있다.

Tip.다이빙 체험

근처 누사 렘봉안, 체닝안, 페니다 섬을 포함해 사누르 지역은 다이빙과 스노클링 하기 좋은 곳으로 유명하다. 그 때문에 사누르 지역을 찾는 여행자라면 서핑 숍 대신에 끝없이 펼쳐진 다이빙 숍을 보게 될 것이다. 가까이로는 스피드 보트로 1시간 내의 거리에 있는 렘봉안, 페니다 섬을 많이 찾으며, 멀리로는 난파선이 있는 3시간 거리의 뚤람벤까지 다이빙 포인트를 찾아가기도 한다.

다이빙을 하고 싶다면 아침 일찍 나서는 것이 좋다. 오후보다는 오전이 파도가 낮고 바다 상황이 좋기 때문이다. 입문 과정부터 자격증반까지 여러 반으로 나뉘는데 일반적으로 대략 USD 100~200 정도면 다이빙을 할 수 있다. 다이빙 체험 신청 시 고프로로 사진을 여러 장 찍어 주는 곳을 선택하면 기억에 남을 만한 다이빙 사진을 남길 수 있다. 발리에 한국 관광객이 많은 편이 아니기 때문에 대부분의 다이빙 체험은 영어로 진행된다.

Tip. 다이빙 체험 프로그램

• 툴람벤 난파선 Tulamben Liberty Shipwreck

세계 10대 난파선 다이빙 포인트로 제2차 세계 대전 당시 침몰해서 수
심 30m 깊이에 좌초된 유에스에스 리버티USS Liberty 난파선을 탐험
해 볼 수 있다. 바다 위에서 난파선이 보일 정도로 물이 맑으며, 난파선
주변의 아름다운 산호초 와 개복치, 거북이와 같은 다양한 해양 생물을
직접 보고 만질 수 있다. 일정은 보통 오전 7~8시에 픽업을 시작으로 다
이빙 포인트로 이동해 2회 정도 다이빙을 하고 오후 5시쯤 호텔로 복귀
한다. 다이빙 체험은 초급, 중급, 고급으로 나뉘며 고급반의 경우는 직접 난파선 안을 수영해 볼 수도 있다.

주소 Northeast Coast of Bali, Tulamben, Indonesia 예약 각 다이빙 숍에 문의 후 예약 가능

• 데이 크루즈 Day Cruise

브노아 항구에서 출발해 렘봉안 섬으로 가는 일정으로, 패키지 프로모션으로 많이 들어가는 옵션 중 하
나이다. 일정은 보통 오전 7~8시 호텔 픽업을 시작으로 렘봉안 섬으로 향해 점심 식사 후 오후 5~6시쯤 돌
아온다. 보통 점심 뷔페와 스노클링, 바나나 보트, 카약과 같은 옵션이 포함돼 있고, 스쿠버다이빙과 같은
액티비티 희망 시 추가 비용을 지불하는 식이다.

• 와카 세일링 데이 크루즈 Waka Sailing Day Cruise

와카 세일링 데이 크루즈는 오전 8시쯤 호텔 픽업을 시작으로 렘봉안
섬으로 간 후 저녁 식사 때쯤 돌아오는 일정으로 진행된다. 스낵 바, 과
일, 칵테일 등이 포함돼 있으며 렘봉안 섬에서의 빌리지 투어, 글라스
바텀 보트, 스노클링 등을 즐길 수 있다. 와카 세일링 데이 크루즈의 장
점은 총 승선 인원이 30명으로, 다른 크루즈에 비해 인원이 적고 고급
스럽다. 프라이비트하게 투어할 수 있으며 승무원들의 친절한 서비스
를 느낄 수 있다. 매주 운항하는 것이 아니라 주 3~4일만 운항하기 때문에 예약 시 이점을 참고하자.

홈페이지 wakahotelsandresorts.com/wakasailing/ 가격 USD 135(Regular Trip, 월·수·토 승
선 가능하며 계절마다 다름)

Tip. 다이빙 숍

• 니코 다이브즈 쿨 Nico Dives Cool

성인용, 어린이용 각각 다른 장비와 에어탱크를 갖추고 있으며, 체계적인 교육을 실시한다.

주소 Jln. Ngurah Rai no. 154, Sanur, Denpasar 80227, Indonesia 홈페이지 nicodivescool
bali.com 전화 +62 813-3755-9228

• 발리베르티 데이 트립스 Baliberty Day Trips

소규모 그룹으로 진행하며, PADI 자격증 코스다.

주소 Jalan Kutat Lestari 10 B 80228 Sanur Bali, Indonesia 홈페이지 www.baliberty.com/
en/ 전화 +62 813-37 17-5 925

• 아틀란티스 인터내셔널 발리 Atlantis International Bali

전반적으로 친절하며, 오픈 워터 다이버 및 다수의 다이빙 코스를 진행한다.

주소 Sanur, Denpasar 80228, Indonesia 홈페이지 www.atlantis-bali-diving.com 전화 +62
361-284 131

길리 트라왕안

Gili Trawangan

길리 삼총사 중 가장 크고 현대적인 곳

롬복과 가까운 길리는 길리 트라왕안, 길리 메노, 길리 에어까지 묶어 길리 삼총사라 불린다. 길리 T로 불리는 트라왕안은 인도네시아어로 '터널'이라는 뜻이며, 제2차 세계 대전 당시 일본군이 이 섬에 긴 터널을 뚫어 이러한 지명을 갖게 됐다. 길리 트라왕안은 세 개의 섬 중 가장 크고 현대적인 곳이다. 사실 가장 크다고 해도 길

Best Course

대중적인 코스

자전거 투어
자전거 30분

길리 터틀 포인트

도보 3분

떡 카페
자전거 10분

카유 카페
도보 9분

코코모 레스토랑
도보 10분

트라왕안 야시장
도보 5분

사마사마 레게 바

이 3km, 너비 2km로 총 361가구가 살고 있는 작은 섬이어서 이곳에서는 마차 혹은 자전거를 주요 이동 수단으로 한다. 섬 끝에서 끝까지 자전거로 약 30분이면 돌아볼 수 있을 정도다. 길리 트라왕안은 섬까지 물건을 들여와야 할 정도로 인프라가 열악하다 보니 같은 물건이라도 물가가 다소 높은 편이다.

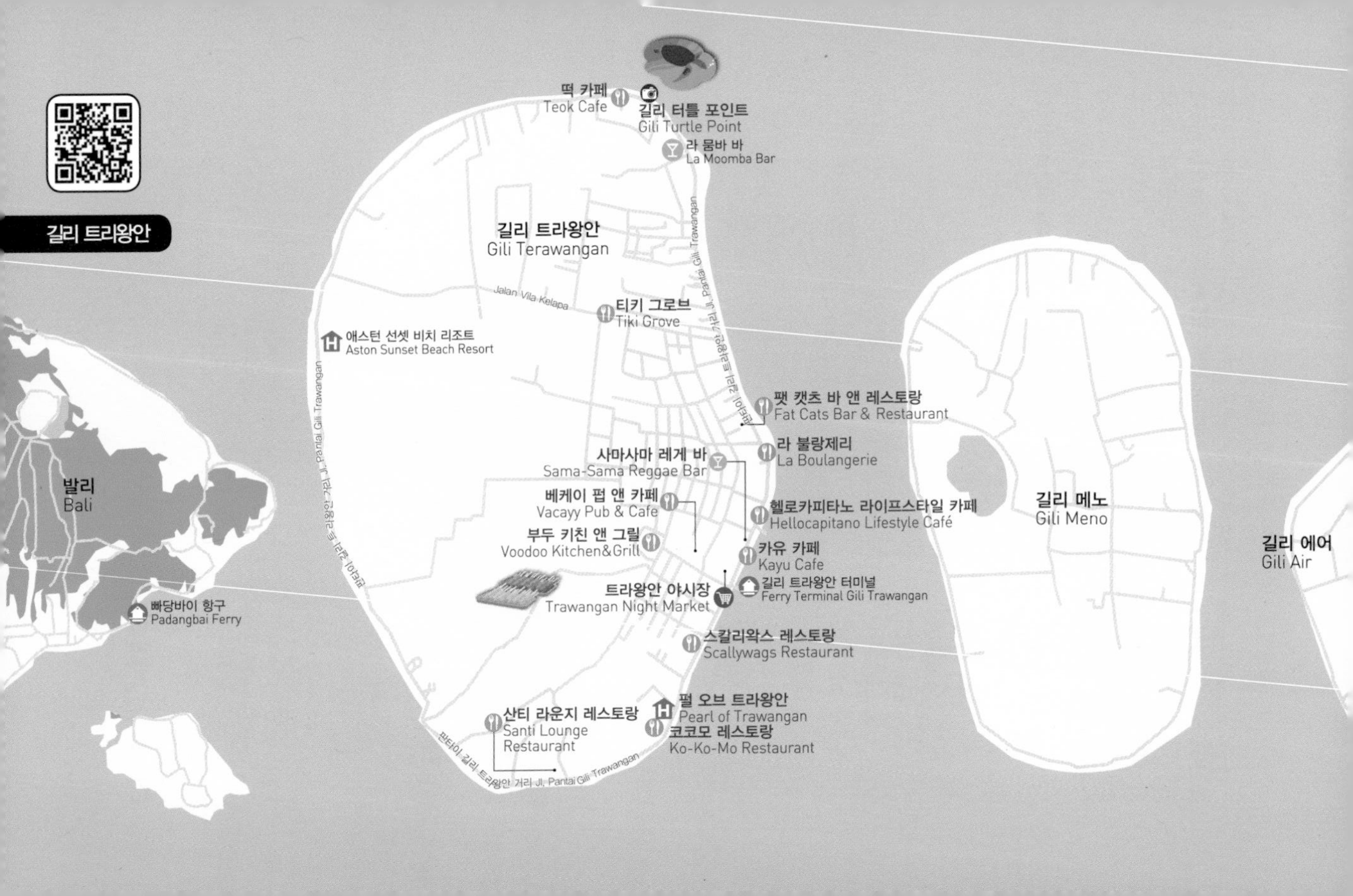

발리
Bali

빠당바이 항구
Padangbai Ferry

판타이 길리 트라왕안 거리 Jl. Pantai Gili Trawangan

애스턴 선셋 비치 리조트
Aston Sunset Beach Resort

띡 카페
Teok Cafe

길리 터틀 포인트
Gili Turtle Point

라 꿈바 바
La Moomba Bar

길리 트라왕안
Gili Terawangan

Jalan Villa Kelapa

티키 그로브
Tiki Grove

팻 캣츠 바 앤 레스토랑
Fat Cats Bar & Restaurant

산티 라운지 레스토랑
Santi Lounge Restaurant

사마사마 레게 바
Sama-Sama Reggae Bar

베케이 펍 앤 카페
Vacay Pub & Cafe

부두 키친 앤 그릴
Voodoo Kitchen&Grill

트라왕안 아시장
Trawangan Night Market

판타이 길리 트라왕안 거리 Jl. Pantai Gili Trawangan

라 불랑제리
La Boulangerie

헬로카피타노 라이프스타일 카페
Hellocapitano Lifestyle Café

까유 카페
Kayu Cafe

길리 트라왕안 선미널
Ferry Terminal Gili Trawangan

스킬라웍스 레스토랑
Scallyways Restaurant

펄 오브 트라왕안
Pearl of Trawangan

코코모 레스토랑
Ko-Ko-Mo Restaurant

판타이 길리 트라왕안 거리 Jl. Pantai Gili Trawangan

길리 메노
Gili Meno

길리 에어
Gili Air

`교통편` 길리 트라왕안에는 공항이 없어 비행기로 바로 이동할 수 없다. 여행객들은 주로 빠당바이 항구에서 배를 타고 길리 트라왕안까지 이동하거나, 발리에서 롬복 공항으로 비행기를 타고 이동한 뒤 스피드 보트를 타고 간다.

`동선팁` 길리 트라왕안Gili Trawangan 로드를 중심으로 카페, 맛집, 쇼핑 거리가 밀집돼 있어 숙소를 이 근처로 잡으면 이동이 굉장히 편하다. 이 근처 숙소로는 펄 오브 트라왕안, 빌라 옴박Vila Ombak 등이 있다. 레스토랑, 펍, 숙박 등 각종 편의 시설은 섬 동쪽과 남쪽에 밀집돼 있다.

• 길리에 없는 3가지 •

1980~1990년대까지 길리 트라왕안은 '파티 섬'으로 유명했다. 2000년, 길리 친환경 협동조합이 생기면서 철저한 단속이 시작됐고, 대기와 해양 환경을 해치는 활동이 금지되기 시작했다.

자동차와 오토바이가 없다.
길리에서는 공기를 오염시키는 자동차, 오토바이 대신 치도모Cidomo라 불리는 조랑말이 대표 운송 수단으로 자리 잡았다.

경찰이 없다.
친환경 협동조합의 철저한 감시 아래 마약 사범이 사라지고 더 이상 경찰이 상주하지 않는다. 마을 공동체의 규칙이 잘 지켜지고, 범죄율이 낮다. 사건이 발생할 경우, 옆의 섬 롬복에서 경찰이 배를 타고 온다고 한다.

개가 없다.
길리에 있는 동안 실제로 개를 한 마리도 보지 못했다. 대신 고양이를 쉽게 볼 수 있다. 발리 힌두교 문화가 깊게 자리 잡은 발리 섬과는 달리 이슬람권의 영향으로 길리에서는 개를 찾아보기 힘들다. 이슬람교 창시자인 무함마드가 박해를 피해 동굴로 피신했을 때 개가 짖는 소리에 들킬 뻔했다는 이야기로 인해 이슬람권에서는 개를 멀리하고 고양이를 신성시 한다고 한다.

• 느림의 미학 •

길리 트라왕안의 유일한 이동 수단은 마차다. 롬복 섬 사투리인 사삭어 손수레cika에서 유래된 단어로 '치도모'라 불린다. 길리 트라왕안에 들어오면 무거운 짐이 있는 관광객들은 택시가 없어서 혹은 길리 트라왕안만의 특별 액티비티로 치도모를 한 번쯤 이용하게 된다. 보통 한 번 이용 시 150k가 기본요금인데, 워낙 작은 섬이기 때문에 이 요금 안에서 어디든 이동이 가능하다. 자연 동력으로 가는 마차라 빠르지는 않다. 섬 내부의 인프라가 열악한 편이라 카페, 식당에서도 주문부터 식사까지의 소요 시간이 길다. 진정한 여유와 느림의 미학을 즐길 수 있다.

거북이와 수영할 수 있는 바다
길리 터틀 포인트 Gili Turtle Point

주소 Danima Resort, Jl. Pantai Gili Trawangan, Gili Indah, Pemenang, North Lombok Regency, West Nusa Tenggara 83352, Indonesia 위치 다미나 리조트, 떡(Teok) 카페 주변의 해변

터틀 포인트, 난파선 포인트, 코랄 포인트 총 세 곳에서 스노클링을 하는 패키지가 많다. 그러나 딱히 투어를 신청할 필요는 없다. 떡 카페 앞의 해변이 유명한 터틀 포인트다. 근처 숍에서 스노클링 장비를 빌려 무릎 깊이의 바다까지 가면 바다거북을 발견할 수 있다. 이 주변 바다는 산호가 많아 발을 다칠 수 있으니 꼭 아쿠아 슈즈를 신도록 한다. 바다거북을 보기 위해서는 오전에 스노클링을 하는 것을 추천한다. 오전 8에서 11시 사이에 바다거북을 가장 많이 볼 수 있다.

일부러 찾아가는 버거 맛집
부두 키친 앤 그릴 Voodoo Kitchen & Grill

주소 Jl. Bintang Laut, Gili Trawangan, Pemenang, Kabupaten Lombok Utara, Nusa Tenggara Bar. 83352, Indonesia 위치 길리 선착장에서 빈땅 라우트(Jl. Bintang Laut) 거리 북쪽으로 550m 직진(도보 7분) 시간 9:00~23:00 가격 95k(징거 버거), 45k(어니언 링) 홈페이지 www.voodoogilit.com/ 전화 +62 877-0440-5400

길리에서 가장 맛있는 버거 집이다. 아직 유명하지 않지만 지금까지 길리에 이런 곳은 없었으니 곧 유명해질 것만 같다. 해변이 보이지 않는 다소 외진 골목에 있으나 충분히 찾아갈 만한 가치가 있는 곳이다. 멕시칸 메뉴, 로컬 메뉴도 있지만 매콤한 KFC 스타일의 징거 버거와 시그니처 부두 버거를 추천한다. 징거 버거는 두툼한 닭다리 살이 부드럽고 살짝 매콤한 소스가 느끼한 맛을 잡아 준다. 달콤 고소한 BBQ 소스가 들어간 빈땅 치킨 버거도 추천하는 메뉴다. 마가리타, 바하마 마마와 같은 칵테일도 괜찮다. 템페, 잭프루트로 만든 비건 버거도 있어 채식주의자도 얼마든지 즐길 수 있다. 식사를 하면 투숙객이 아니더라도 부두 호텔의 널찍한 수영장을 이용할 수 있다.

Tip. 떡 카페 Teok Cafe

길리 섬 북쪽 끝에 위치한 떡 카페는 TV 예능 프로그램 〈윤식당〉의 촬영지다. 상표 관련 이슈로 인해 현재는 윤식당Yun's Kitchen이 아닌 떡 카페 Teok Cafe 라는 상호로 운영했지만 현재는 영업을 하고 있지 않다. 길이 좁아 마차조차 들어갈 수 없고 자전거도 끌고 걸어가야 하는 곳에 있다. 윤식당은 폐업해서 더는 찾아볼 수 없지만, 촬영 당시의 소품과 분위기가 그대로 남아 있어 〈윤식당〉 프로그램을 챙겨 본 여행객이라면 또 다른 재미를 느낄 수 있다. 또한 떡 카페의 위치는 바다거북과 수영할 수 있는 터틀 포인트로 유명하니 근처에서 스노클링을 하는 것을 추천한다. 참고로 순수하게 한식이 먹고 싶다면 베케이 레스토랑 옆의 아이고igo 레스토랑을 추천한다.

주소 West Nusa Tenggara, Indonesia 위치 라 뭄바 바(La Moomba Bar)에서 도보 3분

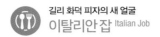

길리 화덕 피자의 새 얼굴
이탈리안 잡 Italian Job

주소 JI. Pantai Gili Trawangan, Gili Indah, Pemenang, Kabupaten Lombok Utara, Nusa Tenggara Bar. 83352, Indonesia 위치 펄 오브 트라왕안 리조트에서 판타이 길리 트라왕안(JI. Pantai Gili Trawangan) 거리 북동쪽으로 도보 3분 시간 9:00~23:00 가격 85k(카프리제 피자), 60k(카르보나라), 69k(볼케이노 롤) 홈페이지 italianjob.business.site 전화 +62 819-0798-2995

파란 외관과 인테리어부터 파스타, 피자, 와인 메뉴까지 서유럽을 떠올리게 하는 경쾌한 분위기의 레스토랑이다. 해변을 바라보고 있는 좋은 전망은 덤이다. 합리적인 가격에 화덕 피자와 파스타를 즐길 수 있으며, 은은한 조명이 켜지는 저녁 시간대에 가는 것을 추천한다. 샐러드, 피자 모두 취향대로 토핑을 추가할 수 있어 치즈, 올리브, 치킨 등 입맛대로 올려 먹을 수 있다. 참고로 피자 가게지만 의외로 스시가 맛있다. 인기 메뉴는 토마토소스의 카프리제 피자, 훈제 연어로 만든 볼케이노 롤이다.

 Notice 2022년 8월 현재 코로나19로 임시 휴업 중이다. 방문 전에 운영 여부를 확인하자.

TV프로그램 〈윤식당〉에서 회식 장소로 나왔던 시푸드 BBQ
스칼리왁스 레스토랑 Scallywags Restaurant

주소 Gili Indah, Pemenang, North Lombok Regency, Nusa Tenggara 83352, Indonesia 위치 펄 오브 트라왕안 리조트에서 판타이 길리 트라왕안(JI. Pantai Gili Trawangan) 거리 북동쪽으로 도보 3분 시간 10:00~23:00(토, 일 10:00~24:00) 가격 75k(샐러드 바), 65k(립아이), 140k(참치) *랍스터, 새우, 오징어는 시가 홈페이지 scallywagsresort.com 전화 +62 370-648-792

인기리에 종영한 TV 프로그램 〈윤식당〉에서 회식 장소로 나와 한국인들도 많이 찾는 레스토랑이다. 스칼리왁스 리조트에서 운영하는 곳으로, 길리 트라왕안의 남쪽 해안가에 있으며, 근처 롬복의 해안선과 린자니산이 보이는 전망을 자랑한다. 수족관에서 싱싱한 해산물을 직접 보고 고를 수 있다는 것이 특징이며, 바다 뷰 레스토랑에서 바비큐를 즐길 수 있다는 것이 장점이다. 손님이 많다 보니 다소 정신없는 분위기에 서비스 대응 속도는 느린 편이다. 고기, 해산물, 야채 등을 골라 그릴 요리로 주문할

수 있으며 메인 메뉴 주문 시 샐러드 바를 이용할 수 있다. 인기 메뉴는 랍스터, 새우, 립아이 스테이크다. 샐러드 뷔페는 매일 오후 6부터 10시까지 운영한다. 시끌벅적한 분위기, 다소 높은 가격, 위생 문제 등으로 최근 호불호가 많이 갈린다는 것을 참고하자. 랍스터, 새우와 같은 생물은 직접 고른 후 저울에 재서 그때의 시가로 가격을 책정한다. 신용카드 사용이 가능하며, 메뉴판의 가격은 서비스료와 택스가 포함된 가격이다.

길리 바다를 감상하기 좋은 레스토랑

코코모 레스토랑 Ko-Ko-Mo Restaurant

주소 Gili Trawangan, Gili Indah, Pemenang, Gili Indah, Pemenang, Kabupaten Lombok Utara, Nusa Tenggara Bar. 83352, Indonesia 위치 코코모 리조트에서 길리 해변 방향으로 도보 1분 시간 7:00~23:00 가격 210k(비프 텐더로인), 130k(시푸드 라비올리), 165k(피시 & 칩스) *택스 11%, 서비스료 10% 미포함 홈페이지 kokomogilit.com/restaurant/ 전화 +62 370-613-4920

길리 트라왕안 남쪽에 위치한 곳으로, 분위기 있는 저녁 식사를 할 수 있는 레스토랑이다. 자메이카의 유명 휴양지 몬티고 베이에 있는 술집에서 이름을 따온 코코모 레스토랑은 코코모 리조트에서 운영한다. 총 2층으로 되어 있으며, 전 층 모두 실내·실외석이 있다. 특히 2층 창문으로 보이는 에메랄드빛 길리 바다를 보면 누구라도 감탄이 나올 것이다. 길리 해변 앞 야외석은 저녁에 초가 켜진 로맨틱한 분위기에서 밤바다를 즐길 수 있다. 아침 식사를 하는 여행객들도 많은데 아침 메뉴는 오전 7시부터 오후 1시까지다. 또한 생일이나 기념일일 경우 미리 말하면 해변 앞 테이블에 정성스러운 세팅을 준비해 주니 예약할 때 말하는 것이 좋다. 레스토랑에 들어서면 식사 전후로 음식과 서비스가 만족스러운지 확인하는 친절한 매니저 뇨만Nyoman 덕에 기분이 좋아지는 곳으로, 인기 메뉴는 육즙이 잘 배어 있는 두툼한 비프 텐더로인, 시푸드 라비올리, 피시 앤 칩스다.

다양한 요리와 시원한 맥주 한 잔

팻 캣츠 바 앤 레스토랑 Fat Cats Bar & Restaurant

주소 Jl. Pantai Gili Trawangan, Gili Indah, Kec. Pemenang, Kabupaten Lombok Utara, Nusa Tenggara Bar. 83352, Indonesia 위치 길리 해변 도보 약 1분 거리 (Masjid 모스크에서 Jl. Pantai Gili Trawangan길 북서쪽으로 도보 약 1분) 시간 7:00~23:00 가격 45k(오믈렛), 35k(아메리카노), 95k(튜나 포케보울) 홈페이지 https://www.trawangandive.com/ 전화 +62 878-6431-6491

길리의 아름다운 에메랄드 빛 바다와 하얀 모래사장을 보며 식사할 수 있는 곳이다. 1층은 다이버 샵 그리고 2층은 레스토랑으로 이루어져있다. 아침부터 늦은 저녁까지 다양한 메뉴와 주류를 판매하고 있어 언제 찾아도 열려있다. 육즙 가득한 치킨 버거도 맛있지만 역시 해산물 요리에 강하다. 얼리지 않은 신선한 참치가 들어간 타코나 포케가 인기 메뉴다. 길리의 다른 레스토랑처럼 식사를 마친 후에 선베드에 앉아서 맥주를 마시는 것도 여유롭게 길리를 즐기는 방법이 될 것이다.

 기념일을 축하하기 좋은 로맨틱한 분위기
산티 라운지 레스토랑 Santi Lounge Restaurant

주소 Pondok Santi Estate, Gili Trawangan,
North Lombok 83352, Indonesia 위치 펄 오
브 트라왕안 리조트에서 판타이 길리 트라왕안
(Jl. Pantai Gili Trawangan) 거리 방면 남쪽으로
450m 직진(도보 5분) 시간 7:00~23:00 가격
95k(피시 타코), 150k(참치 스테이크), 175k(비
프 렌당), 450k(시푸드 플래터) 홈페이지 www.
pondoksanti.com/dining/ 전화 +62 819
07057504

길리의 그림 같은 에메랄드 빛 해변을 마주하며 선
셋을 볼 수 있는 로맨틱한 분위기의 레스토랑이다.
폰독 산티 리조트에서 운영하는 곳으로, 맛집이 딱
히 없는 길리에서 분위기 좋은 레스토랑으로 추천
할 만한 곳 중 하나다. 고급스럽고 세련된 인테리어
에서 식사할 수 있어 기념일을 축하하기도 좋다. 런
던에서 온 셰프 제이미가 요리를 하기 때문에 미고
렝 같은 인도네시아 음식보다는 피자, 타코, 파스타
와 같은 메뉴를 추천한다. 그릴에서 구워 레몬 버터 소스와 함께
서빙되는 해산물 플래터, 참치 스테이크도 저녁 식
사로 즐기기 좋다. 칠베리Chill-berry 마가리타,
모히토와 같은 칵테일도 인기 메뉴다. 낮보다
는 저녁에 방문하기를 추천한다.

마야와 아즈텍 문명을 꽃피운 멕시칸 요리를 맛볼 수 있는 곳
티키 그로브 Tiki Grove

주소 Jl. Vila Klp., Gili Indah, Pemenang, Kabupaten Lombok Utara, Nusa Tenggara Bar 83352, Indonesia 위치 루체 달마 리조트(Luce d`Alma Resort)에서 빌라 케이엘피(Jl. Vila Klp.) 거리 방면 남쪽으로 260m 직진 후 좌회전(도보 5분) 시간 15:00~22:30 휴무 월요일 가격 75k(치킨 타코), 75k(피시 타코), 90k(샤크베이트 칵테일) 홈페이지 www.facebook.com/tikigrovegilit/ 전화 +62 878-6248-3842

길리 트라왕안에서 가장 좋아하는 장소 중 하나다. 캐나다에서 온 토미와 캐서린이 운영하는 레스토랑으로 육즙이 흐르는 타코와 칵테일을 맛볼 수 있다. 멕시코 음식의 감초인 살사소스와 함께 매콤한 맛을 즐길 수 있다. 살사소스에는 고수가 섞여 있으니 고수를 잘 못 먹는다면 미리 얘기한다. 모든 직원들이 친절해서 식사 중에도 음식 상태나 부족한 게 없는지 계속해서 체크한다.

티키Tiki는 폴리네시아 문화권(하와이, 타히티, 뉴질랜드 등)의 창세 신화에 등장하는 창조신의 이름이다. 주로 나무, 석재로 조각상을 만들며 신성한 의미를 지닌다. 열대 지역의 경쾌한 분위기를 담은 티키 바, 티키 칵테일로 재해석되어 1930년대 초반부터 미국에서 유행하기도 했다. 치킨 타코, 피시 타코, 포크 타코 모두 인기가 많으며, 칵테일은 주로 럼 베이스로, 앙증맞은 상어 모양 컵에 담겨져 나오는 샤크 칵테일이 인기다. 주량이 센 편이라면 좀비 칵테일도 추천한다. 모기가 많은 편이라 미리 모기 기피제를 바르고 가는 게 좋다. 오후 3시부터 5시까지는 해피 아워로 75k에 판매하는 모든 타코를 50k로 먹을 수 있다.

여름 밤 분위기를 달구는 야시장
트라왕안 야시장 Trawangan Night Market

주소 Gili Trawangan, Gili Indah, Pemenang, Lombok Barat, Nusa Tenggara Bar. 83352, Indonesia
위치 길리 항구에서 우회전해 판타이 길리 트라왕안(Jl. Pantai Gili Trawangan) 거리로 도보 2분 시간 18:30~다음날 1:15

길리 항구 근처에 있는 야시장으로, 오후 5시 즈음부터 어디선가 가판대를 들고 오는 행렬이 보인다. 인도네시아 전통 꼬치 사테부터 백반인 나시짬뿌르, 육류, 생선까지 여러 종류의 BBQ 꼬치를 판매한다. 즉석에서 구워 주는 꼬치가 익어 가는 냄새와 연기에 너도 나도 줄을 서기 시작한다. 큰 규모는 아니지만 저렴한 가격으로 길리의 밤을 즐길 수 있는 곳이다. 식욕을 돋우는 냄새에 한 번, 부드럽게 익은 고기에 두 번 감동하게 된다. 생기 넘치는 분위기와 정겨운 현지 분위기를 제대로 느낄 수 있다. 위생적인 측면은 장담할 수 없지만 저렴한 가격에 현지 분위기의 야시장을 구경할 수 있다는 것에 의의를 두고 방문하면 좋다.

축구와 함께 맥주 한잔 즐기기 좋은 곳
베케이 펍 앤 카페 Vacayy Pub & Cafe

주소 Jalan ikan hiu gili Trawangan Gili Trawangan, Gili Indah, Pemenang, Kabupaten Lombok Utara, Nusa Tenggara Bar. 83352, Indonesia 위치 펄 오브 트라왕안 리조트에서 판타이 길리 트라왕안(Jl. Pantai Gili Trawangan) 거리 북동쪽으로 650m 직진 후 좌회전해 도보 5분 시간 8:00~23:00 가격 65k(마르게리타 피자), 49k(데리야끼 치킨 버거) *해피 아워에 칵테일 3잔 90k 홈페이지 vacayy-pub-cafe.business.site/ 전화 +62 852-3753-2224

트라왕안 야시장에서 도보로 5분 거리에 있는 베케이 펍 앤 카페는 대형 스크린에서 축구 경기를 볼 수 있는 레스토랑 겸 펍이다. 유럽 관광객들이 많이 찾는 이국적인 분위기의 야외 펍으로 인기 메뉴는 피자와 간단한 주류다. 피자, 파스타, 나시고렝, 팟타이 등 다양한 메뉴가 있으나 식사 메뉴는 추천하지 않는다. 대체로 맛이 없고, 서빙을 포함해 서비스 속도가 느린 편이라 간단한 음식만 먹는 것이 좋다. 오후 4~8시의 해피 아워에는 칵테일이 굉장히 저렴한 편이라 이 시간에 칵테일을 즐기는 것을 추천한다. 인기 메뉴는 마르게리타 피자, 데리야끼 치킨 버거다. 식사류의 재료가 신선하지 않을 때가 있다는 것을 꼭 참고하자.

길리에서 유일하게 에어컨이 나오는 카페
카유 카페 Kayu Café

주소 Gili Trawangan, Gili Indah, Pemenang, Kabupaten Lombok Utara, Nusa Tenggara Bar. 83352, Indonesia 위치 펄 오브 트라왕안 리조트에서 판타이 길리 트라왕안(Jl. Pantai Gili Trawangan) 거리 북동쪽으로 도보 8분 시간 7:00~17:00 가격 30k(롱 블랙), 45k(아이스 모카), 50k(플러피 팬케이크), 65k(치킨 베이컨 베이글) 홈페이지 www.facebook.com/kayucafe 시간 +62 818-0349-0572

길리에서 유일하게 에어컨이 나오는 현대적인 카페로, 길리 T 항구 근처에 있다. 총 2층으로 돼 있는데, 2층은 테라스석이라 다소 더운 편이다. 브런치 메뉴부터 나시고렝, 팟타이 등 다양한 식사 메뉴를 제공하며 아보카도 토스트, 스니커즈 케이크와 같은 비건 옵션도 있어 선택의 폭이 넓다. 샌드위치 같은 간단한 메뉴와 커피가 맛있다. 카페 한편에는 수제로 만든 샤워 젤, 코코넛 오일, 천연 모기 기피제 등을 판매하니 기념품으로 구매하는 것도 좋다. 추천 메뉴는 아이스 롱 블랙과 바나나, 메이플 시럽이 곁들여 나오는 플러피 팬케이크, 스무디 볼이다. 참고로 인도네시아 국경일 기간에는 직원들의 휴가로 인해 대기 시간이 길다.

에메랄드 빛 바다와 스무디 볼의 조합
헬로카피타노 라이프스타일 카페 Hellocapitano Lifestyle Café

주소 Gili Trawangan, Kabupaten, Gili Indah, Pemenang, North Lombok Regency, West Nusa Tenggara 83352, Indonesia 위치 길리 야시장에서 Jl. Bintang Laut 방면 북동쪽으로 150m 직진(도보 2분 거리) 시간 7:00~20:00 가격 75k(트로피컬 볼), 70k(클럽 샌드위치), 55k(나시고렝) 홈페이지 https://hellocapitano-cafe.business.site/ 전화 +62 853-3930-7648

길리T에서 가장 인기가 많은 카페가 아닐까 싶다. 2층에 창가에 앉으면 길리의 에메랄드 빛 바다를 보며 시원한 스무디 볼을 먹으면 세상 부러울 일이 없다. 잔잔한 음악과 우디한 인테리어의 여유로운 카페 분위기가 평화로운 길리와 잘 어우러진다. 분위기도 좋지만 재료도 신선해서 단골 손님이 많다. 아보카도, 오믈렛, 팬케이크 등 올데이 브랙퍼스트 메뉴를 즐길 수 있고 비건을 위한 두부 볼, 베지 슈프림 등 다양한 옵션도 있다. 인기 메뉴는 망고, 키위, 오렌지 등 신선한 과일이 들어간 트로피컬 선라이즈 스무디 볼이다. 친절한 직원들이 음식뿐만 아니라 길리에서 하면 좋을 것들을 추천해 주기도 한다. 2층에 앉아 아름다운 길리의 오션뷰를 즐겨 보자.

 레게 느낌 충만한 라이브 뮤직 바

사마사마 레게 바 Sama-Sama Reggae Bar

주소 Gili Trawangan, Gili Indah, West Nusa Tenggara, Pemenang, Gili Indah, Pemenang, Kabupaten Lombok Utara, Nusa Tenggara Bar. 83352, Indonesia 위치 길리 T 터미널에서 판타이 길리 트라왕안(Jl. Pantai Gili Trawangan) 거리 북쪽 방면으로 도보 3분 시간 7:00~다음 날 1:00(토요일 다음 날 3:00까지) 가격 65k(모히토), 70k(쿠바리브레) 홈페이지 www.facebook.com/samasamabar2020/ 전화 +62 812-3763-650

라이브 음악과 함께 신나게 즐길 수 있는 곳으로, 음악 자체로 힐링되는 느낌이 든다. 주로 오후 8시에서 10시까지는 어쿠스틱 레게 공연이 있고, 오후 10시 이후로는 더 큰 규모의 밴드가 흥겨운 음악을 연주한다. EDM과는 또 다른 분위기로 꿈 같은 섬에서 여유로움을 즐길 수 있다. 오후 11시가 넘어가면서부터 흥이 달궈지기 시작한다. 매주 금요일에 파티가 열리며, 비수기에도 늘 사람이 많다. 맥주뿐만 아니라 합리적인 가격의 칵테일도 있다. 추천 메뉴는 파인애플 다이퀴리Pineapple Daiquiri 칵테일이다. 이 근처에서 드물게 화장실이 깨끗하다는 점도 장점이다.

 외국인도 인정한 베이커리 맛집
라 불랑제리 La Boulangerie

주소 Jl. Pantai Gili Trawangan, Gili Indah, Pemenang, Kabupaten Lombok Utara, Nusa Tenggara Bar. 83352, Indonesia 위치 길리 T 터미널에서 판타이 길리 트라왕안(Jl. Pantai Gili Trawangan) 거리로 도보 7분 시간 7:00~23:30 가격 25k(아몬드 크루아상), 25k(건포도 크루아상), 30k(치즈 키시), 25k(슈) 전화 +62 877-6595-3052

프랑스에서 온 파티시에가 만드는 크루아상을 맛볼 수 있는 곳이다. 길리 트라왕안에서 가장 맛있는 베이커리로 갓 구운 빵 내음에 자전거를 멈추게 되는 곳이다. 야외석과 2층 좌석이 있어 커피와 함께 아침 식사를 하기에 좋다. 이곳에서 매일 아침을 먹는 단골들이 많을 정도로 여행객들의 사랑을 받는 빵집이다. 인기 메뉴인 아몬드 크루아상, 치즈 키시 외에 슈, 도넛류의 디저트도 맛이 좋다. 길리 T 터미널과도 가깝기 때문에 배를 타기 전 간식거리를 사러 가는 것도 추천한다.

HOTEL

추 천 숙 소

즐거운 여행을 위해 숙소는 매우 중요하다. 호스텔, 게스트 하우스 등 저렴한 숙소부터 고급 호텔과 리조트까지 자신의 여행 스타일에 맞는 숙소 고르는 방법과 다양한 숙소를 알아본다.

여행에 있어 숙소는 가장 중요한 요소 중 하나이다. 어떤 숙소에 묵을 것인가는 본인 혹은 동행자가 숙소에 얼마만큼 의미를 두느냐에 따라 큰 차이가 난다. 일상을 벗어나 휴식과 재충전을 위해 떠나는 시간인 만큼 나의 여행 스타일과 예산에 맞는 숙소를 정하는 것이 좋다.

유형별 숙소 종류

◎ 호스텔

배낭여행객, 장기 여행자에게 적합한 숙박 시설로 4인실, 6인실, 8인실까지 공동 샤워실, 주방 등 다양한 편의 시설이 구비돼 있으며 저렴한 가격이 특징이다. 세계 각국의 여행자가 이용하는 만큼 문화 교류를 할 수 있다. 여럿이 공동 숙소를 사용하는 것에 큰 불편이 없는 사람이라면 추천한다.

◎ 게스트 하우스 / 한인 민박

혼자 떠나는 여행이 겁나거나 영어에 자신이 없다면 마음 편하게 한국어가 통하는 게스트 하우스, 한인 민박 형태의 숙소를 추천한다. 1인실부터 4인실까지 다양해 인원에 따라 선택할 수 있으며 다른 한국인 여행객들과 소통하며 정보를 수집할 수 있다.

◎ 에어비앤비

한 달 살기가 유행인 것처럼 최근 짧은 여행보다 현지인처럼 살아 보는 여행이 대세다. 공유 숙박 애플리케이션인 에어비앤비를 통해 현지의 집을 빌려 장을 봐서 요리도 하고 주민처럼 살아 볼 수 있다. 장기로 빌려도 방 청소, 수영장 등 여러 편의 시설을 제공하는 곳도 있다. 1인실부터 풀빌라까지 가격대가 천차만별이다. 가족 단위 여행객이라면 호텔 대신 풀빌라를 빌려 여행하는 것도 추천한다.

◎ 호텔

깔끔한 숙소를 좋아하는 여행자들을 위한 저렴한 가격의 호텔이 관광지 인근에 있다. 편리한 지리적 이점 외에 회의실, 조식 등 다양한 편의 시설을 이용할 수 있다. 잠자리가 예민하거나 개인 생활이 편한 여행자들이 선호한다. 발리는 가성비 좋은 호텔이 많은 것으로 유명하다.

◎ 고급 호텔 & 리조트

신혼여행지의 메카이자 1930년대부터 관광객이 많았던 발리에는 글로벌 브랜드 호텔을 비롯한 5성급 럭셔리 호텔이 많다. 성수기와 비수기에 따라 요금 변동이 있기는 하지만, 4성급 이상의 호텔은 10만 원대로 형성돼 있고 글로벌 브랜드 호텔의 경우에는 좀 더 비싼 편이다. 호캉스를 즐기고 싶은 여행객이라면 고급 호텔만큼 편안하고 만족도 높은 곳은 없을 것이다.

숙소 선택 요령

여행 기간, 여행 스타일, 동행자의 의견, 예산 등을 고려해서 선택해야 한다. 배낭여행객에게는 호스텔, 저렴한 호텔을 추천한다. 가족 단위 여행객이라면 호텔 혹은 에어비앤비 독채를, 커플 여행객에게는 호텔, 아파트 렌트를 추천한다.

숙소 예약 사이트

◎ 아고다 www.agoda.com

아시아 지역에서 특히 강세를 보이는 채널로 동남아권 여행 예약 시 다른 사이트에 비해 조금 더 저렴하다. 그러나 취소 규정이 다소 엄격한 편이다. 한국인 직원과 상담이 가능하며, 발리의 경우 다양한 숙박 옵션을 고를 수 있으니 꼭 참고해야 하는 채널이다.

◎ 호텔스닷컴 kr.hotels.com

익스피디아와 같은 마이크로소프트 계열사다. 한국인 상담원 연결이 가능하며, 최저 가격 보상 제도를 시행하고 있다. 조건에 따라 10박 시 1박 무료 프로모션을 진행 중이니 여행을 즐기는 사람이라면 꼭 한 번 들러 보자.

◎ 부킹닷컴 www.booking.com

미국 프라이스라인닷컴 그룹의 계열사로 전 세계 82만 개의 호텔과 제휴하고 있는 세계 최대 온라인 숙박 예약 채널 중 하나다. 참고로 유럽에서 가장 많은 호텔과 제휴를 맺고 있다. 선 예약 후 결제 시스템으로 예약 취소에 대한 부담이 적으며 5번 이상 예약 시 지니어스genius 멤버십을 통해 자체 10% 할인을 받을 수 있다. 그러나 동남아의 경우 대체로 아고다가 더 저렴한 편이다.

◎ 에어비앤비 www.airbnb.co.kr

'휴가 기간에 비는 집을 빌려주면 어떨까?'라는 발상에서 시작된 서비스로 호스트의 집 전체 혹은 방 하나를 빌릴 수 있는 채널이다. 호텔보다 저렴한 가격과 함께 현지인과 직접 교류할 수 있고 요리를 만들어 먹을 수 있다는 장점이 있다. 다만 사생활 보장에 취약하며 여성의 경우 불안한 상황이 생길 때가 있다. 또한 개인과 개인의 거래로 환불 정책이 까다롭기 때문에 변동 가능성이 있다면 꼭 환불 조건을 확인 후 이용하자.

5성급

가족과 함께하기 좋은 글로벌 호텔
쉐라톤 발리 꾸따 리조트 Sheraton Bali Kuta Resort

주소 Jl. Pantai Kuta, Kuta, Kabupaten Badung, Bali 80361, Indonesia **위치** 꾸따 해변 220m, 비치 워크 쇼핑센터 1층과 연결 **홈페이지** www.marriott.com/hotels/travel/dpsks-sheraton-bali-kuta-resort/?scid=bb1a189a-fec3-4d19-a255-54ba596febe2 **전화** +62 361-846-5555

아이를 동반한 가족 여행이거나 연인과 함께 떠나는 여행이라면 머물기 좋은 호텔이다. 발리 여행 시 꼭 한 번 들르게 되는 꾸따 해변과 비치 워크 쇼핑센터 1층과 연결돼 있는 5성급 호텔로, 탁 트인 수영장과 인도양이 내려다보이는 전망을 자랑한다. 여행객들이 발리에서 가장 선호하는 호텔 중 하나로 성수기는 물론 비수기에도 스위트룸을 제외하고는 예약이 꽉 차 있는 경우가 많다. 글로벌 호텔 체인 메리어트 그룹에서 운영하는 만큼 시설과 서비스 모두 상급이며, 공항과 가깝다는 점도 매력적이다. 꾸따 중심부에 위치한 지리적 이점과 디럭스 룸 크기 또한 46m²로 넓고 쾌적하다. 조식은 호텔 내 피스트Feast 레스토랑에서 먹을 수 있으며 가짓수가 다양하고 맛이 훌륭하다.

※ 책 앞쪽에 쉐라톤 발리 꾸따 리조트 할인 쿠폰이 있습니다.

꾸따 해변 앞의 가성비 좋은 호텔 **4성급**
시타딘 꾸따 비치 발리 Citadines Kuta Beach Bali

주소 Jl. Pantai Kuta, Legian, Kuta, Kabupaten Badung, Bali 80361, Indonesia **위치** 꾸따 해변에서 도보 1분 **홈페이지** www. citadines.com/en/indonesia/bali/citadines-kuta-beach-bali/ **전화** +62 361-849-6500

위치가 특장점인 호텔로, 도보 1분 거리에 꾸따 해변, 24시 편의점, 드러그스토어가 있다. 비치 워크 쇼핑센터까지는 도보로 약 10분 정도 소요된다. 합리적인 가격대의 4성급 호텔로, 내부에 조식당, 피트니스 센터, 세탁실, 루프톱 수영장을 갖추고 있다. 객실은 전반적으로 깔끔한 수준이나 화장실 시설이 다소 노후된 편이며 배수가 깔끔하지 않다. 조식당은 2층에 있으며 뷔페형으로 기본적인 수준이다. 장기 투숙자라면 주방이 있는 방을 예약하는 것도 추천한다(인덕션 2구, 세탁기, 냉장고 구비).

친구와 함께라면 추천하고 싶은 호텔 **4성급**
유 파샤 스미냑 발리 U Paasha Seminyak Bali

주소 Jalan Laksmana No.77, Seminyak, Kuta, Seminyak, Kuta, Seminyak, Bali 80361, Indonesia **위치** 스미냑 빌리지에서 직진으로 도보 5분 **홈페이지** www.uhotelsresorts.com/en/upaashaseminyak/default.html **전화** +62 361-846-5977

스미냑 중심가에 위치한 호텔로, 호텔 예약 사이트 인기 순위에 늘 있는 가격 대비 만족도가 훌륭한 호텔이다. 룸이 기본 55㎡로 큼직하고 최근에 지어진 만큼 인테리어가 현대적이고 청결하다. 샤워실과 화장실이 분리되어 있으며 세면대가 2개여서 이용하기 편하다. 피트니스 센터, 와이파이, 수영장 등을 포함해 어메니티와 같은 객실 시설도 쾌적하다. 독특한 점은 24시간 체크인으로, 체크인을 한 시간에 체크아웃이 가능하다. 조식은 개인 커피 주문이 가능하며 맛있는 편이다.

가성비와 위치가 최고인 호텔

아마데아 리조트 앤 빌라 Amadea Resort & Villas

`4성급`

주소 Jalan Kayu Aya, Seminyak, Kuta, Seminyak, Kuta, Kabupaten Badung, Bali 81360, Indonesia
위치 스미냑 스퀘어에서 도보 6분 홈페이지 arvs.pphotels.com 전화 +62 361-847-8155

스미냑 시내 중심부에 위치한 것이 최고의 장점이다. 유 파샤 스미냑 발리와 도보 2분 거리에 있으며 가격 대비 만족도가 높은 호텔이다. 4인 이상일 경우 풀 빌라 예약을 추천한다. 수영장도 깨끗하고 늦은 시간(오후 10시)까지 이용 가능하다. 전 직원이 친절하고 응대가 빠른 편이다. 다만 조식은 큰 기대 없이 가는 것이 좋다.

심플하면서 모던한 인테리어의 호텔

몬티고 리조트 스미냑 Montigo Resorts, Seminyak

`5성급`

주소 Jalan Petitenget, Seminyak, Kuta Utara, Kerobokan Kelod, Kuta Utara, Kerobokan Kelod, North Kuta, Badung Regency, Bali 80361, Indonesia 위치 ❶ 스미냑 스퀘어에서 600m ❷ 포테이토 헤드에서 도보 7분 홈페이지 www.montigoresorts.com/seminyak/ 전화 +62 361-301-9888

스미냑 해변 가까이에 위치한 리조트로, 총 3개의 수영장을 구비하고 있다. 현재 객실 수를 늘리기 위해 중간 단지 즈음부터 공사 중이라 예약 시 조용한 방을 배정해 달라고 요청할 것을 추천한다. 룸 크기가 큰 편이며, 전 객실에 발코니와 테이블이 있어 빨래, 흡연 등 기호에 맞춰 사용하기 용이하다. 피트니스 센터는 24시간 오픈이며, 호텔 내 스파가 시설이 고급스럽고 압이 세서 평이 좋다. 투숙객은 약 30% 할인이 가능하니 굳이 외부 마사지 숍을 찾아가기보다는 몬티고 스파 이용을 추천한다.

 스미냑을 대표하는 세련된 호텔 **5성급**
더블유 발리-스미냑 W Bali-Seminyak

주소 Jl. Petitenget, Jl. Raya Kerobokan, Seminyak, Kuta Utara, Kabupaten Badung, Bali 80361, Indonesia **위치 ❶** 스미냑 스퀘어에서 980m **❷** 포테이토 헤드에서 도보 5분 **홈페이지** www.marriott.com/hotels/travel/dpswh-w-bali-seminyak/?scid=bb1a189a-fec3-4d19-a255-54ba596febe2 **전화** +62 361-300-0106

메리어트 호텔 계열사에서 운영하는 더블유 호텔은 포테이토 헤드 비치 클럽과도 가깝지만 더블유 호텔에서 운영하는 바bar가 내부에 있다. 리조트 입구가 멀지만 입구부터 버기카를 운영하기 때문에 오히려 프라이비트하고 체감상으로는 가까운 느낌이다. 바비큐 파티, 시푸드 등 저녁으로 즐길 거리가 많으며, 글로벌 브랜드인 만큼 객실, 부대시설 모두 최상급이다. 허니문으로 더블유 풀 빌라를 선택하는 커플이 많을 만큼 로맨틱하고, 저녁 시간대의 야외 풀이 파티장 같은 분위기를 조성한다. 예산의 여유가 있다면 꼭 한 번 가 보기를 추천한다. 조식은 무난한 편이지만 바다를 바라보며 먹을 수 있는 장점이 있다.

바뚜볼롱 해변과 가까운 신식 호텔 4성급
애스턴 짱구 비치 리조트 Aston Canggu Beach Resort

주소 Jl. Pantai Batu Bolong No.99, Canggu, Kuta Utara, Kabupaten Badung, Bali 80361, Indonesia
위치 짱구 해변에서 75m **홈페이지** www.astonhotelsinternational.com/en/hotel/view/57/aston-canggu-beach-resort **전화** +62 361-302-3333

2017년에 지어진 곳으로, 짱구 일대에서 가장 인기 있는 해변, 바, 레스토랑과 가까워 위치의 장점이 크다. 반면 이러한 장점 때문에 오션뷰의 객실은 소음이 있을 수 있으니 가든 뷰의 객실을 추천한다. 바뚜볼롱 해변과 매우 가까우며, 아직 큰 호텔이 많이 없는 짱구 지역에서 가장 높은 호텔이다. 로비에는 스포츠 바가 있어 축구, 농구 등 스포츠 경기를 보기 좋다. 루프탑 수영장과 바에서 보이는 인도양의 경치가 아름답다. 조식은 루프톱 바에서 제공되며 가짓수가 많고 괜찮은 편이다. 서핑을 즐기는 사람이라면 아침에 조식을 먹으며 파도의 상태를 확인할 수 있다.

가족 여행 하기 좋은 누사두아 대표 호텔 5성급
이나야 푸트리 발리 Inaya Putri Bali

주소 Kawasan Wisata Nusa Dua Lot S-3, Benoa, Kuta Selatan, Benoa, Kuta Sel., Kabupaten Badung, Bali 80363, Indonesia **위치** 응우라라이 공항에서 차로 25분 **홈페이지** inayaputribali.com **전화** +62 361-200-2900

공항에서 9.5km 거리에 위치한 럭셔리 휴양지로, 유명한 누사두아와 딱 어울리는 5성급 리조트다. 총 460개의 객실과 전용 해변을 갖춘 널찍하고 쾌적한 리조트로 가족 여행을 하기에 적합하다. 5성급 호텔인 만큼 24시간 룸서비스, 전 객실 무료 와이파이, 채플(결혼식장), 택시 서비스, 24시간 경비 서비스 등이 있다. 또한 스노클링, 카누, 수상 스포츠 장비 대여, 전용 비치, 골프장(3km 이내) 등을 다양하게 즐길 수 있는 것도 장점이다. 발리 컬렉션과 도보 6분 거리에 있고, 주변에 현지 마켓이 있어 위치가 좋다. 조식은 보통이다.

발리에 신혼여행을 간다면 꼭 추천하고 싶은 호텔 5성급
만다파 리츠칼튼 우붓 Mandapa, a Ritz-Carlton Reserve

주소 Jl. Raya Kedewatan, Banjar, Kedewatan, Kecamatan Ubud, Kabupaten Gianyar, Bali 80571, Indonesia 위치 우붓에서 차로 약 20분 홈페이지 www.ritzcarlton.com/en/hotels/dpsub-mandapa-a-ritz-carltonreserve/overview/ 전화 +62 361 4792777

발리에 신혼여행을 간다면 1순위로 추천하고 싶은 호텔이다. 호캉스를 좋아하는 분들이라면 리츠칼튼은 익숙할 수도 있지만 리저브는 리츠칼튼과 또 다르다. 발리를 포함해 전 세계에 딱 5개밖에 없는 메리어트 계열의 럭셔리 브랜드로 우붓만의 정글 분위기와 함께 완벽한 휴가를 보낼 수 있는 곳이다. '만다파Mandapa'는 산스크리트어로 힌두 사원 건축에서 예배나 의식을 준비하는 장방형 공간을 의미한다. 이 공간을 재해석해서 우붓 열대 우림에 건축한 호텔로 무려 호텔 내부에 논밭이 있다. 넓은 부지에 객실은 딱 60개로 프라이빗한 서비스를 24시간 느낄 수 있는데 그중 하나가 객실마다 지정되는 개인 버틀러다. 원베드룸 풀빌라의 크기가 약 130평형 정도라 굳이 메인 수영장에 갈 필요도 없다. 캐비어, 푸아그라가 있는 맛있는 호텔 조식과 함께, 아융강을 바라보며 받는 스파도 꼭 경험해 볼 것을 추천한다.

자연과 모던함이 조화로운 우붓 인기 리조트 5성급
알라야 리조트 우붓 Alaya Resort Ubud

주소 Jl. Hanoman, Ubud, Gianyar, Kabupaten Gianyar, Bali 80571, Indonesia 위치 ❶ 코코 슈퍼마켓에서 200m ❷ 우붓 몽키 포레스트에서 540m 홈페이지 alayahotels.com 전화 +62 361-972-200

우붓 중심가에 위치한 알라야 리조트는 우붓 몽키 포레스트, 아궁 라이 뮤지엄 등 주요 관광지와 인접해 있다. 그레이 톤의 모던한 객실, 수영장, 스파, 정원 등을 포함해 현대적인 시설이 잘 구비돼 있는 동시에 직접 기르는 논밭도 있다. 우붓의 자연 속에서 현대적인 시설을 즐기며 편안한 휴식을 취할 수 있다. 지리적 이점과 쾌적한 시설 덕에 아이, 부모님과 함께 가기에 좋다. 투숙객의 경우 알라야에서 운영하는 다라 스파Dala Spa를 30% 할인된 금액으로 이용할 수 있다. 조식당 페타니Petani의 커피가 특히 맛있고, 라테 주문 시 라테 아트를 그려 준다.

 호랑이와 아침 식사를! 이색적인 하룻밤을 보낼 수 있는 기회 　4성급

마라 리버 사파리 로지 Mara River Safari Lodge

주소 Jl. Bypass Prof. Dr. Ida Bagus Mantra Km. 19,8, Serongga, Kec. Gianyar, Kabupaten Gianyar, Bali 8055, Indonesia 위치 우붓에서 차로 약 40분 홈페이지 www.marariversafarilodge.com 전화 +62 361-479-1800

사파리 테마의 호텔로, 동물들과 다양한 체험을 할 수 있어 아이들에게 최고의 리조트로 불리는 곳이다. 숙박과 별개로 방문할 수도 있지만 체험 가능한 범위가 많이 차이 나니 아이 동반이라면 최소 1박을 추천한다. 사파리 내에서 오전 10시부터 저녁 8시까지 호랑이, 악어, 초식 동물 먹이 주기와 같은 쇼가 계속 진행된다. 숙박 시 발리 사파리 입장권과 동물원 내의 워터 파크도 무료로 이용 가능하다. 체험 활동 중에서는 아이들에게 가장 인기가 많은 지프 투어를 추천한다. 기린, 코끼리, 소, 얼룩말 등 동물들에게 아이가 직접 먹이를 줄 수 있는 기회로, 예약은 필수다. 또한 조식을 먹을 때 사자를 보며 식사할 수 있다. 체크인과 동시에 조식 레스토랑 테이블을 예약할 수 있으며 4, 5번 테이블이 명당이다. 다만 오래된 시설과 서비스로 조식은 기대하지 않는 것이 좋다. 36개월 미만의 유아는 숙박 예약 시 추가 금액을 받지 않는다.

블루 라군을 콘셉트로 한 자연 친화적 부티크 호텔

5성급

아누마나 호텔 우붓 Anumana Hotel Ubud

주소 Jl. Monkey Forest, Ubud, Kabupaten Gianyar, Bali 80571, Indonesia **위치** 우붓 몽키 포레스트에서 도보 1분 **홈페이지** www.anumanaubud.com **전화** +62 361-479-2766

발리 고유 문화에 현대적인 감성을 추가한 부티크 호텔로, 우붓 몽키 포레스트 바로 옆에 있다. 최근에 지어져 시설이 깨끗하고, 작은 규모지만 가격 대비 서비스가 훌륭해 평이 좋다. 우붓 몽키 포레스트, 코코 슈퍼마켓, 요가 반과 가까워 여러 문화생활을 즐기기 편리하다. 블루 라군을 떠올리게 하는 아름다운 수영장으로도 유명하다. 1층은 수영장과 연결된 라군 액세스Ragoon access 룸이라 수영장 이용 시 특히 편리하다. 조식은 주문식과 뷔페식이 격일로 제공되는데 주문식이 특히 맛있다.

장기 여행자에게 최적화된 호텔

4성급

비유쿠쿵 스위트 앤 스파 Biyukukung Suites & Spa

주소 Jalan Sugriwa No.89, Ubud, Gianyar, Ubud, Kabupaten Gianyar, Bali 80571, Indonesia **위치** 우붓 몽키 포레스트에서 도보 10분 **홈페이지** www.biyukukung.net **전화** +62 361-970-529

우붓 남쪽에 위치한 비유쿠쿵은 호텔에서 보이는 논 뷰가 아름다운 곳이다. 전 객실 2층 독채 룸으로, 1층에는 발코니가 있다. 오두막을 연상시키는 방갈로 형태이며, 방음도 괜찮은 편이다. 다만, 예약 시 뱀부 하우스Bamboo House는 방 상태가 열악하니 피하는 것을 추천한다. 우붓 시장까지 셔틀버스를 제공하며, 가격이 저렴해 장기 여행자들에게 추천한다. 모기 기피제, 전자 모기향은 숙박 기간 내내 제공된다. 가격이 가격이니 만큼 조식은 큰 기대 하지 않는 것이 좋다.

🏨 **새로 지어진 유럽풍 사누르 호텔** `4성급`
메종 오렐리아 사누르 발리 | Maison Aurelia Sanur, Bali – by Préférence

주소 Jl. Danau Tamblingan, Sanur, Denpasar Sel., Kota Denpasar, Bali, Indonesia 위치 ❶ 사누르 해변에서 도보 5분 ❷ 아르타세다나Artasedana 마트에서 200m 거리 홈페이지 maisonaureliasanur.com 전화 +62 361-472-1111

프레퍼런스 호텔 그룹에서 오픈한 호텔로 최근에 지어졌다. 사누르 인근 리조트 중에서는 객실 및 기타 시설이 양호한 편이다. 소규모 호텔이나 깔끔하고 직원들의 서비스가 좋은 것이 특징이다. 화장실이 다소 작지만 수압이 세고, 침구류 상태가 좋은 편이다. 조식은 주문식이다. 숙박비에 조식이 포함돼 있지 않아 신청하지 않는다면 주변 카페 거리에서 식사하는 것도 추천한다.

 로맨틱한 무드의 호텔 4성급
펄 오브 트라왕안 Pearl of Trawangan

주소 Gili Trawangan, Gili Indah, Pemenang, Gili Indah, Pemenang, Kabupaten Lombok Utara, Nusa Tenggara Bar. 83355, Indonesia 위치 길리 T터미널에서 도보 6~7분 홈페이지 www. pearloftrawangan.com 전화 +62 811-3979-990

길리 트라왕안 내 리조트 중 가장 인기 있는 곳이다. 길리 T터미널과 가깝고 리조트 단지가 크기 때문에 밤에는 조용하게 여유를 즐길 수 있다. 전망이 굉장히 아름답고 프라이비트 해변에서 길리 바다를 온전히 즐길 수 있다. 조식이 특히 맛있으며, 조식 레스토랑의 2층 전망이 아름답다. 추가 요금으로 자전거 대여, 세탁, 공항 픽업 서비스 등을 예약할 수 있다. 사진처럼 아름다운 곳으로 로맨틱한 분위기 때문에 커플들이 특히 많이 찾는다.

아시아에서 탑으로 선정된 초호화 리조트
더 물리아 The Mulia

주소 Kawasan Sawangan, Jl. Raya Nusa Dua Selatan Jl. Nusa Dua, Benoa, Kec. Kuta Sel., Kabupaten Badung, Bali 80363, Indonesia **위치** 덴파사르 공항에서 약 30분 **홈페이지** http://www.themulia.com/bali/mulia-resort **전화** +62 361-3017777

물리아가 있어서 발리에 간다라는 이야기를 들었던 적이 있다. 수상 이력을 다 읊자면 지루할만큼 국제적인 수상 이력을 자랑하고 있다. 아시아 내 탑 리조트로 항상 선정 되며 [트레블+레저] 내 세계 최고의 호텔 중 6위로 선정되기도 했다. 그래서인지 물리아의 규모는 타 호텔 대비 압도적이다. 아름다운 누사두아의 해안을 따라 약 9만평 규모의 부지를 자랑한다. 호텔, 리조트, 빌라 세가지 타입으로 객실이 나뉘어져 있고 더 물리아는 전 객실 자쿠지를 보유한 스위트룸, 물리아 리조트는 526개의 객실과 스위트룸, 물리아 빌라는 108개의 전용 풀빌라로 구성되어 있다. 초호화 리조트인 만큼 스파 프로그램 역시 유명하다. 심신의 안정을 풀고 오로지 휴식을 즐길 수 있도록 웰니스 스파 프로그램이 잘 구성되어 있다. 이 간단하지만 어려운 원칙 '잘 먹고 잘 자기'를 잘 이룰 수 있도록 물리아 내 F&B 역시 다양하게 제공되며 맛있기로 소문나있다. 모처럼 휴식을 즐기고 싶거나 신혼여행을 즐길 호텔을 찾고 있다면 더 물리아가 좋은 선택이 될 것이다.

발 리
BALI
부 록

인도네시아어 여행 회화

기본 표현

좋은 아침입니다.	Selamat pagi. 슬라맛 빠기
좋은 오후입니다.	Selamat siang. 슬라맛 시앙
좋은 저녁입니다.	Selamat malam. 슬라맛 말람
안녕히 주무세요.	Selamat tidur. 슬라맛 띠두르
안녕하세요?	How are you? = Apa kabar? 아빠 까바르
안녕히 계세요.	Selamat tinggal. 슬라맛 띵갈
좋습니다.	Baik-baik saja. / Kabar baik. 바익-바익 사자 / 까바르 바익
실례합니다.	Permisi. 빼르미시
죄송합니다.	Maaf. 마아브
감사합니다.	Terima kashi. 뜨리마 까시
괜찮습니다.	You're welcome. / That's okay. = sama-sama 사마사마
처음 뵙겠습니다. 저는 길동이라고 합니다.	Senang Bertemu dengan Anda. Nama saya 길동. 스낭 버르뜨무 등안 안다. 나마 사야 길동

공손한 표현	Please = Tolong 똘롱(뭔가를 부탁, 요청할 때 사용)
왜	Kenapa 끄나빠
어디	Di mana 디 마나
언제	Kapan 까빤
무엇	Apa 아빠

숫자

1	satu 사뚜		11	sebelas 세블라스
2	dua 두아		12	dua belas 두아 블라스
3	tiga 띠가		13	tiga belas 띠가 블라스
4	empat 음빳		30	tiga puluh 띠가 뿔루
5	lima 리마		40	empat puluh 음빳 뿔루
6	enam 으남		50	lima puluh 리마 뿔루
7	tujuh 뚜쥬		100	seratus 세라뚜스
8	delapan 들라빤		200	dua ratus 두아 라뚜스
9	sembilan 슴빌란		1,000	seribu 세리부
10	sepuluh 스뿔루			

공항에서

체크인 하러 왔습니다.	Saya mau cek in. 사야 마우 쩩 인
복도 좌석에 앉을 수 있나요?	Minta duduk di lorong. 민따 두둑 디 로롱
동행과 같이 앉을 수 있나요?	Can we pls sit together? = Kami minta duduk Bersama? 까미 민따 두둑 버르사마
탑승은 언제부터 하나요?	Mulau Kapan masuk ke pesawat? 물라이 까빤 마숙 끄 쁘사왓?

기내에서

식사는 언제 나오나요?	Kapan makanannya datang? 까빤 마깐난냐 다땅
베개와 담요 부탁드립니다.	Tolong berikan bantal dan selimut. 똘롱 브리깐 반딸 단 슬리뭇
주스를 한 잔 더 주세요.	Tolong berikan satu gelas jus lagi. 똘롱 브리깐 사뚜 글라스 주스 라기

수하물 찾을 때

짐은 어디에서 찾나요?	Di mana bagasi saya? 디마나 바가시 사야
짐을 잃어버렸어요.	Bagasi saya tidak ada. 바가시 사야 띠닥 아다

| 화장실은 어디에 있나요? | Di mana toilet?
디 마나 또일렛 |

호텔에서

하룻밤에 얼마입니까?	Berapa harga untuk satu malam? 버라빠 하르가 운뚝 사뚜 말람
체크인은 어디에서 하나요?	Di mana bisa cek-in? 디 마나 비사 쩩 인
○○ 이름으로 예약을 했습니다.	Saya ada buking(reservasi) atas nama. 사야 아다 부낑(레절베시) 아따스 나마
방 있나요?	Ada kamar? 아다 까마르
오션 뷰 방으로 주세요.	Tolong berikan kamar yang menghadap ke pantai. 똘롱 브리깐 까마르 양 멍하답 끄 빤따이

교통수단 이용할 때

공항까지 얼마나 걸리나요?	Berapa lama sampai ke bandara? 버라빠 라마 삼빠이 끄 반다라
여기 세워 주세요.	Tolong berhenti di sini. 똘롱 버르헌띠 디 시니
이 주소로 가 주세요.	Tolong ke alamat ini. 똘롱 끄 알라맛 이니

빨리 가 주세요.	Tolong pergi dengan cepat. 똘롱 빼르기 등안 쯔빳
시간당 주차비가 얼마입니까?	Berapa biaya parkir per jamnya? 버라빠 비아야 빠끼르 빼르 잠냐
택시를 불러 주실 수 있나요?	Bisa dipanggil taksi? 비사 디빵길 탁시?
미터 택시인가요?	Apa itu taksi argo atau bukan? 아빠 이뚜 탁시 아르고 아따우 부깐?
지도에 찍힌 곳으로 와 주세요.	Sesuai titik ya pak. 세수아이 띠띡 야 팍.
(택시 기사가 길을 물어볼 경우) 저도 잘 모릅니다. 지도를 따라가 주세요.	Saya juga kurang tau pak, Ikuti peta. 사야 주가 꾸랑 따우 빡, 이꾸띠 뻬따

쇼핑할 때

얼마인가요?	Berapa harganya? 버라빠 하르가냐
비싸요.	Ini mahal. 이니 마할

신용카드로 계산해도 되나요?	Bisa saya bayar pakau kartu kredit? 비사 사야 바야르 빠까이 까르뚜 끄레딧
입어 봐도 되나요?	Boleh dicoba? 볼레 디쪼바
더 작은 사이즈로 주세요.	Minta ukuran yang lebih kecil. 민따 우꾸란 양 르비 끄찔

식당, 술집에서

여기 주문 받아 주세요.	Kami mau pesan makanan. 까미 마우 쁘산 마까난
가장 인기 있는 메뉴가 무엇인가요?	Apa menu yang paling digemari di restoran ini? 아빠 메누 양 빨링 디그마리 디 레스또랑 이니
생수 주세요.	Tolong berikan air mineral. 똘롱 브리깐 아이르 미네랄
이 메뉴 하나 더 주세요.	Tolong tambahkan ini satu. 똘롱 땀바깐 이니 사뚜
포장해 주세요.	Tolong dibungkus. 똘롱 디붕꾸스
점심 특선이 무엇인가요?	Apa makanan siang spesialnya? 아빠 마까난 시앙 스페셜냐
얼마나 걸리나요?	Masakan ini makan waktu berapa lama? 마사깐 이니 마깐 버라빠 라마
맥주로 3잔 주세요.	Tengo dolor de cabeza. 뗑고 돌로르 데 까베싸

도움 청할 때

의사를 만나고 싶습니다.	Saya ingin bertemu dengan dokter. 사야 잉인 버르뜨무 등안 독떠르
여기가 아파요.	Bagian ini sakit. 바기안 이니 사낏
관광 안내소가 어디입니까?	Di mana ada tempat informasi Wisata? 디 마나 아다 뜸빳 인포르마시 위사따
출구가 어디입니까?	Di mana pintu keluar? 디 마나 삔뚜 끌루아르 (입구 = masuk 마숙)
도와주세요.	Tolong. 똘롱
경찰서가 어디인가요?	Di mana kantor polisi? 디 마나 깐또르 뽈리시?

찾아보기

쇼핑

카페

스파

나이트라이프

숙소

알로프트 발리 꾸따 앳 비치 워크   **Travel Coupon**

— **FOOD ONLY** —

모든 음식 **10% 할인**

✧ 음료 제외

10% off food purchase

- 사용 기한 2023. 5. 1. ~ 2024. 6. 30.
- 홈페이지 www.aloftbalikuta.com
- 사용 방법에 대한 자세한 설명은 뒷면에 있습니다.

Sheraton
BALI KUTA RESORT

쉐라톤 발리 꾸따 리조트   **Travel Coupon**

— FOOD ONLY —   — SHINE SPA —

모든 음식   모든 마사지와 트리트먼트

10% 할인   **20% 할인**

✧ 음료 제외

10% off food purchase   20% off for treatments at Shine Spa

- 사용 기한 2023. 5. 1. ~ 2024. 6. 30.
- 홈페이지 https://www.marriott.com/en-us/hotels/dpsks-sheraton-bali-kuta-resort/overview/
- 사용 방법에 대한 자세한 설명은 뒷면에 있습니다.

사용 방법

레스토랑·라운지 할인

1. 호텔 내 레스토랑과 라운지를 이용할 때 호텔 프런트에 쿠폰을 제시하면 할인받을 수 있습니다.
2. 타 사이트에서 예약한 경우에도 사용 가능하며, 호텔 레스토랑은 중식과 디너를 할인받을 수 있습니다(조식 제외).

사용 방법

레스토랑·라운지·스파 할인

1. 호텔 내 레스토랑과 라운지, 스파를 이용할 때 호텔 프런트에 쿠폰을 제시하면 할인받을 수 있습니다.
2. 타 사이트에서 예약한 경우에도 사용 가능하며, 호텔 레스토랑은 중식과 디너를 할인받을 수 있습니다(조식 제외).